新一代信息技术系列教材

Spark 大数据技术项目实战

主　编　邓永生　李　丽　张俊豪
副主编　邵成宽　张　韬　侯　达
　　　　李贵林

西安电子科技大学出版社

内 容 简 介

本书主要围绕大数据处理技术 Spark 展开讲解，旨在引导读者深入了解大数据分析处理的全流程，并剖析每个环节中所使用的关键技术及其原理。

全书共八个实战项目。项目一介绍了如何搭建一个稳定且高效的 Spark 集群环境，探讨了 Spark 的基本概念、特点及应用场景，同时与 Hadoop 进行了对比分析。项目二通过实现一个完整的人事管理系统，介绍了 Scala 语言的基础语法与面向对象编程及函数式编程的概念，示范了如何使用 Scala 进行 Spark 应用开发。项目三至项目七运用 Spark 分别对电商用户行为数据、电影数据、银行客户数据、设备故障数据以及社交媒体评论数据进行了数据分析与处理，内容涵盖从数据预处理到高级统计分析的全过程。项目八通过一个综合性的案例——基于 Spark MLlib 的广告点击率预测，将前面所学的知识融会贯通，逐步带领读者完成大数据开发的核心流程，包括数据预处理、特征工程、模型训练与评估等步骤。本书不仅提供了丰富的理论知识，还辅以大量实战案例，旨在帮助读者全面掌握 Spark 大数据技术的实际应用。

本书可作为高等院校计算机相关专业的教材，也可作为计算机领域技术人员及编程爱好者的参考书。

图书在版编目(CIP)数据

Spark 大数据技术项目实战 / 邓永生，李丽，张俊豪主编 . -- 西安：西安电子科技大学出版社, 2025.2. -- ISBN 978-7-5606-7602-9

Ⅰ.TP274

中国国家版本馆 CIP 数据核字第 2025Z0N015 号

策　　划	高　樱	
责任编辑	高　樱	
出版发行	西安电子科技大学出版社 (西安市太白南路 2 号)	
电　　话	(029) 88202421 88201467	邮　编　710071
网　　址	www.xduph.com	电子邮箱　xdupfxb001@163.com
经　　销	新华书店	
印刷单位	陕西天意印务有限责任公司	
版　　次	2025 年 2 月第 1 版　2025 年 2 月第 1 次印刷	
开　　本	787 毫米 × 1092 毫米　1/16　印 张　13.5	
字　　数	318 千字	
定　　价	49.00 元	

ISBN 978-7-5606-7602-9

XDUP 7903001-1

*** 如有印装问题可调换 ***

前言

随着计算机技术和互联网的广泛应用，各种数据正在以极快的速度产生和累积，并影响着各个行业的发展，成为重要的生产因素。在这个背景下，大数据技术的重要性日益凸显。如何充分挖掘并利用好这些海量数据的价值，让其为人类提供更好的服务，是大数据研究和应用的核心主题。而 Spark 作为一款高效、灵活且易于使用的分布式计算框架，已经成为大数据处理领域的核心技术之一。

本书旨在为读者提供一个系统学习 Spark 大数据技术的平台。通过本书的学习，读者不仅可以深入了解 Spark 的工作原理和技术特点，还可以掌握利用 Spark 解决实际问题的方法。本书精心设计了八个实战项目，期望能帮助读者逐步掌握 Spark 大数据技术的核心知识并具备实际应用能力。项目一从 Spark 的基本概念入手，详细介绍其特点及其与 Hadoop 的区别，并指导读者搭建一个稳定高效的 Spark 集群环境，为后续实战奠定基础。项目二通过实现人事管理系统介绍 Scala 语言的基础语法、面向对象编程以及函数式编程等概念，并介绍如何使用 Scala 进行 Spark 应用开发。项目三通过分析电商用户行为数据介绍如何使用 Spark 进行数据处理和分析，从而挖掘出有价值的信息，为企业的决策提供依据。项目四通过对电影票房、评分等数据的分析，教会读者如何使用 Spark 处理大规模数据集，从中发现有趣的规律和趋势。项目五利用 Spark 的强大能力引导读者对银行客户的交易数据进行清洗、整合和分析，帮助企业更好地理解客户需求，提高服务质量。项目六介绍如何使用 Spark 构建实时监控系统，监测设备运行状态，及时发现潜在故障，减少停机时间，提高生产效率。项目七通过学习如何使用 Spark 对社交媒体上的评论进行情感分析，为企业提供舆情监控的能力，帮助企业更好地理解市场反馈。项目八作为本书的综合项目，通过基于 Spark MLlib 的广告点击率预测案例，帮助读者掌握从数据预处理到模型训练与评估的整个大数据开发流程。

本书内容丰富，技术新颖，概念清晰，重点突出，可作为高等院校计算机相关专业的教材，也可作为计算机领域技术人员及编程爱好者的参考书。本书由深圳市讯方技术股份有限公司与重庆机电职业技术大学等校企合作院校联合编写，由邓永生、李丽、张俊豪担任主编，邵成宽、张韬、侯达、李贵林担任副主编。张韬负责编写项目一，邵成宽负责编写项目二和项目三；李贵林负责编写项目四，侯达负责编写项目五，李丽负责编写项目六，邓永生负责编写项目七；张俊豪负责编写项目八。

尽管编者已尽力完善本书，但由于水平有限，书中可能还有不足之处，殷切希望广大读者批评指正，谢谢！

编 者

2024 年 12 月

目 录

项目一 搭建 Spark 集群环境 1

任务 1.1 认识 Spark 1

    1.1.1 Spark 概述 2

    1.1.2 Spark 的特点 3

    1.1.3 Spark 的应用场景 4

    1.1.4 Spark 和 Hadoop 对比 4

任务 1.2 搭建 Spark 集群 6

    1.2.1 安装准备 6

    1.2.2 Spark 的部署方式 7

    1.2.3 Spark 集群的安装与部署 8

任务 1.3 Spark 运行架构与原理 12

    1.3.1 Spark 集群的运行架构 12

    1.3.2 Spark 运行的基本原理 13

创新学习 15

能力测试 15

项目二 使用 Scala 实现人事管理系统 16

任务 2.1 搭建 Scala 开发环境 17

    2.1.1 Scala 简介 17

    2.1.2 搭建 Scala 开发环境 18

    2.1.3 Scala 代码的运行方式 23

任务 2.2 学习 Scala 基础语法 25

    2.2.1 基本语法和结构 25

    2.2.2 数据类型和操作 26

    2.2.3 面向对象编程 28

    2.2.4 函数式编程 31

    2.2.5 输入输出和异常处理 34

    2.2.6 高级特性 38

任务 2.3 实现人事管理系统 41

    2.3.1 人事管理系统需求介绍 41

    2.3.2 系统架构与技术设计 42

    2.3.3 需求功能实现 43

    2.3.4 编译与运行 46

    2.3.5 代码优化 49

创新学习 55

能力测试 55

项目三 电商用户行为数据分析 56

任务 3.1 认识 RDD 57

    3.1.1 RDD 的概念 57

    3.1.2 RDD 的特点 57

    3.1.3 RDD 操作的分类 58

任务 3.2 RDD 操作实践 60

    3.2.1 Spark Shell 环境实操 60

    3.2.2 创建 RDD 的方式 63

    3.2.3 常用转换操作实践 65

    3.2.4 常用行动操作实践 67

任务 3.3 使用 RDD 实现电商用户行为分析 70

    3.3.1 电商用户行为数据简介 70

    3.3.2 功能需求分析 71

    3.3.3 需求实现思路分析 71

    3.3.4 数据预处理 72

    3.3.5 需求功能实现 73

创新学习 76

能力测试 76

项目四 电影数据分析实现 78

任务 4.1 搭建 Spark 开发环境 79

    4.1.1 IntelliJ IDEA 介绍和安装 79

    4.1.2 Zeppelin 的安装和基本使用 90

任务 4.2 编写第一个 Spark 程序 94

    4.2.1 编程模型介绍 94

    4.2.2 Spark WordCount 案例分析 95

    4.2.3 Spark WordCount 代码实现 95

| 任务 4.3　打包并运行 Spark 程序 97
|　　4.3.1　打包插件介绍 97
|　　4.3.2　打包程序实操 97
|　　4.3.3　提交 Spark 程序到集群运行 100
| 任务 4.4　编程实现电影数据分析 100
|　　4.4.1　项目背景 100
|　　4.4.2　数据描述 100
|　　4.4.3　功能需求 102
|　　4.4.4　需求实现 102
| 创新学习 105
| 能力测试 105

项目五　银行客户数据分析 106

| 任务 5.1　认识 Spark SQL 107
|　　5.1.1　Spark SQL 概述 107
|　　5.1.2　数据表示与处理 108
|　　5.1.3　SQL 查询与优化 109
| 任务 5.2　Spark SQL 基础 110
|　　5.2.1　DataFrame API 基础操作 110
|　　5.2.2　数据源和格式 114
| 任务 5.3　Spark SQL 进阶操作 117
|　　5.3.1　高级操作与功能 117
|　　5.3.2　性能优化与调优 129
|　　5.3.3　扩展与整合 131
| 任务 5.4　分析与统计银行客户数据 133
|　　5.4.1　银行客户数据简介 133
|　　5.4.2　数据预处理和准备 133
|　　5.4.3　数据探索与分析 134
|　　5.4.4　客户行为分析 136
| 创新学习 140
| 能力测试 141

项目六　设备故障的实时监控 142

| 任务 6.1　认识 Structured Streaming 143
|　　6.1.1　结构化流处理概述 143
|　　6.1.2　数据源和数据接收器 144
|　　6.1.3　实时数据处理和输出 153
| 任务 6.2　模拟生成设备数据 157
|　　6.2.1　设备数据生成工具 157
|　　6.2.2　设备数据流处理 158
| 任务 6.3　实现设备故障的实时监控 161
|　　6.3.1　设备故障监控系统架构 161
|　　6.3.2　设备故障实时监控处理 161
| 创新学习 165
| 能力测试 165

项目七　社交媒体评论情感分析 166

| 任务 7.1　了解 Spark MLlib 167
|　　7.1.1　Spark MLlib 概述 167
|　　7.1.2　机器学习工作流程 168
|　　7.1.3　房产数据处理与输出 169
| 任务 7.2　数据处理与模型应用 173
|　　7.2.1　数据收集与准备 173
|　　7.2.2　特征工程与模型训练 175
|　　7.2.3　模型评估与部署 178
| 任务 7.3　对社交媒体评论数据进行情感分析 180
|　　7.3.1　社交媒体评论数据概述 180
|　　7.3.2　数据收集与预处理 180
|　　7.3.3　情感分析模型训练与评估 186
|　　7.3.4　情感分析结果展示 190
| 创新学习 192
| 能力测试 192

项目八　基于 Spark MLlib 的广告点击率预测 193

| 任务 8.1　项目介绍 194
|　　8.1.1　项目背景 194
|　　8.1.2　项目任务 195
|　　8.1.3　项目实施流程 195
| 任务 8.2　准备数据集 195
| 任务 8.3　数据预处理 197
| 任务 8.4　特征工程实现 198
| 任务 8.5　模型训练与预测 202
| 任务 8.6　模型评估与优化 205
| 创新学习 207
| 能力测试 207

参考文献 209

项目一　搭建 Spark 集群环境

项目导入

Spark 于 2009 年问世后，经常被应用于大规模数据处理的统一分析引擎。Spark 具有计算速度快、内置丰富的 API 等优势，使用户能更加容易地编写程序。本项目将从 Spark 概述讲起，学习如何搭建 Spark 集群和部署 Spark 运行架构，为后续的学习打下坚实的基础。

知识目标

- 了解 Spark 基本架构的概念。
- 了解 Spark 的特点。
- 了解 Spark 常用的开发环境。
- 了解 Spark 应用场景。

能力目标

- 能够完成 Spark 的安装及部署。
- 能够对搭建环境过程中遇到的问题进行分析。

素质目标

- 培养主动探索、创新实践的科学精神。
- 培养精益求精的工匠精神。

任务 1.1　认识 Spark

Spark 于 2009 年诞生于美国加州大学伯克利的 AMP 实验室，它在 2013 年加入 Apache 孵化器项目后得以迅速发展，并于 2014 年正式成为 Apache 软件基金会的顶级项目。Spark 从最初研发到最终成为 Apache 的顶级项目，仅仅用了 5 年时间。本任务将详细讲解 Spark 集群部署、Spark 运行架构及其原理。

1.1.1 Spark 概述

目前，Spark 生态系统已经发展成为一个可应用于大规模数据处理的统一分析引擎，它是基于内存计算的大数据并行计算框架，适用于各种各样分布式平台系统。Spark 以其先进的设计理念迅速成为社区的热门项目。Spark 生态系统即 BDAS(Berkeley Data Analytics Stack, 伯克利数据分析栈)，包含 Spark Core、Spark SQL、Spark Streaming、MLlib 和 GraphX 等组件，这些组件可以非常容易地把各种处理流程整合在一起，而这样的整合在实际数据分析过程中有很大的意义。不仅如此，Spark 还大大减轻了原先需要分别管理各种平台的负担。

Spark 生态系统 (BDAS) 是伯克利 AMP 实验室精心打造的，力图在算法 (Algorithms)、机器 (Machines)、人 (People) 之间通过大规模集成实现大数据应用平台，其核心引擎是 Spark，计算基础是弹性分布式数据集 (Resilient Distributed Datasets，RDD)。通过 Spark 生态系统，AMP 实验室运用大数据、云计算、通信等各种资源，以及各种灵活的技术方案，对海量不透明的数据进行甄别并转化为有用的信息，以供人们更好地理解世界。Spark 生态系统已经应用到机器学习、数据挖掘、数据库、信息检索、自然语言处理和语音识别等多个领域。

Spark 生态系统如图 1-1 所示。Spark 生态系统以 Spark Core 为核心，能够读取传统文件 (如文本文件)、HDFS、Amazon S3、Alluxio 和 NoSQL 等数据源，利用 Standalone、YARN 和 Mesos 等实现资源调度管理，供应用程序完成分析与处理。而这些 Spark 应用程序可以来源于不同的组件，如 Spark 的核心组件 Spark Core、操作结构化数据的 Spark SQL、实时计算的 Spark Streaming、机器学习的 MLlib/MLbase、分布式图处理框架 GraphX、独立调度器 Standalone、YARN 和 Mesos 等。下面对上述组件进行介绍。

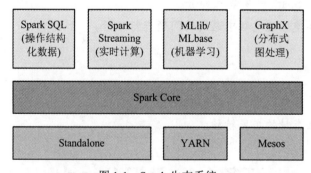

图 1-1　Spark 生态系统

(1) Spark Core：Spark 的核心组件，用来实现 Spark 的基本功能，包含任务调度、内存管理、错误恢复、与存储系统交互等模块。Spark Core 中还包含了对 RDD 的 API 定义。RDD 是只读的分区记录的集合，只能基于在稳定物理存储中的数据集和其他已有的 RDD 上执行确定性操作来创建。

(2) Spark SQL：用来操作结构化数据的核心组件，可以直接查询 Hive、HBase

等多种外部数据源中的数据。Spark SQL 的主要特点是能够统一处理关系表和 RDD。在处理结构化数据时，开发人员无须编写复杂的程序，直接使用 SQL 命令就能完成复杂的数据查询操作。

(3) Spark Streaming：Spark 提供的流式计算框架，支持高吞吐量、可容错处理的实时流式数据处理，其核心原理是将流数据分解成一系列短小的批处理作业，每个短小的批处理作业都可以使用 Spark Core 进行快速处理。Spark Streaming 支持多种数据源，如 Kafka、Flume、TCP 套接字等。

(4) MLlib/MLbase：Spark 提供了关于机器学习功能的算法程序库，包括分类、回归、聚类、协同过滤算法等，还提供了模型评估、数据导入等额外的功能，开发人员只需了解一定的机器学习算法知识就能进行机器学习方面的开发，可以降低学习成本。

(5) GraphX：Spark 提供了分布式图处理框架，拥有图计算和图挖掘算法的 API 接口、丰富的功能和运算符，极大地方便了对分布式图的处理需求，能在海量数据上运行复杂的图算法。

(6) Standalone、YARN 和 Mesos：Spark 框架可以高效地在一个到数千个节点之间伸缩计算，集群管理器 (Cluster Manager) 主要负责各个节点的资源管理工作。为了实现这样的效果，同时获得最大的灵活性，Spark 支持在各种集群管理器上运行，Hadoop YARN、Apache Mesos 以及 Spark 自带的独立调度器都被称为集群管理器。

Spark 生态系统的各个组件关系密切，相互配合，对大数据的支持从内存计算、实时处理到交互式查询，延伸到图计算和机器学习等领域。随着 Spark 的日趋完善，Spark 以其优异的性能正逐渐成为下一个业界和学术界的开源大数据处理平台。可以预见，在今后的一段时间内，Spark 在大数据领域有更好的发展。

1.1.2 Spark 的特点

Spark 作为大数据计算平台的后起之秀，在 2014 年就已经打破了 Hadoop 保持的基准排序 (Sort Benchmark) 纪录，使用 206 个节点在 23 min 内完成了 100 TB 数据的排序，而 Hadoop 则使用 2000 个节点在 72 min 内完成同样数据的排序。也就是说，Spark 仅使用了十分之一的计算资源，获得了比 Hadoop 快 3 倍的速度。新纪录的诞生使得 Spark 获得多方青睐，也表明了 Spark 可以作为一个更加快速、高效的大数据计算平台。

Spark 具有以下几个特点：

(1) 运行速度快。Spark 使用先进的有向无环图 (Directed Acyclic Graph，DAG) 执行引擎，以支持循环数据流与内存计算，基于内存的执行速度比 Hadoop 的 MapReduce 快近百倍，基于磁盘的执行速度快近十倍。

(2) 便于使用。Spark 支持使用 Scala、Java、Python 和 R 语言进行编程，简洁的 API 设计有助于用户轻松构建并行程序，并且可以通过 Spark Shell 进行交互式编程。

(3) 通用性。Spark 提供了完整而强大的技术栈，包括 SQL 查询、流式计算、机器学习和图算法组件，这些组件可以无缝整合在同一个应用中，足以应对复杂的计算。

(4) 运行模式多样(兼容性)。Spark 可运行于独立的集群模式中，或者运行于 Hadoop 中，也可运行于 Amazon EC2 等云环境中，并且可以访问 HDFS、Cassandra、HBase、Hive 等多种数据源。

1.1.3　Spark 的应用场景

Spark 是一个非常灵活和通用的大数据处理框架，可以应用于许多场景。以下是一些常见的 Spark 应用场景。

(1) 复杂的批量处理 (Batch Data Processing)：可以用 Hadoop 的 MapReduce 来进行批量海量数据处理，侧重点在于处理海量数据的能力，处理速度可忍受，时间通常在数十分钟到数小时之间。

(2) 基于历史数据的交互式查询 (Interactive Query)：可以用 Impala 进行交互式查询，时间通常在数十秒到数十分钟之间。

(3) 基于实时数据流的数据处理 (Streaming Data Processing)：可以用 Storm 分布式处理框架处理实时流式数据，时间通常在数百毫秒到数秒之间。

这三种场景相互独立，各自的维护成本比较高，而 Spark 的出现能够实现一站式平台满足以上需求。

通过以上分析，总结出 Spark 场景的以下几个特点：

(1) Spark 适用于数据集大、反复操作次数越多而受益越大、数据量小计算密度大的场景。

(2) Spark 不适用于异步细粒度更新状态的应用，如 Web 服务的存储或增量的 Web 爬虫和索引。

(3) Spark 不适用于增量修改的应用模型，如数据量不是特别大，但是有实时统计分析需求的应用模型。

在日常工作应用场景中，数据工程师可以利用 Spark 进行数据分析与建模。由于 Spark 具有良好的易用性，数据工程师只需要具备一定的 SQL 语言基础、统计学、机器学习等方面的经验，以及使用 Python、Matlab 或者 R 语言的基础编程能力，就可以使用 Spark 进行工作。

数据工程师还可将 Spark 技术应用于广告、报表、推荐系统等业务中。利用 Spark 系统可进行应用分析、效果分析、定向优化等业务。在推荐系统业务中，可利用 Spark 内置的机器学习算法训练模型数据，进行个性化推荐及热点点击分析等。

1.1.4　Spark 和 Hadoop 对比

Spark 与 Hadoop 都是大数据计算框架，但两者各有自己的优势，如表 1-1 所示。

表 1-1　Spark 与 Hadoop 的特点对比

对比项	Spark	Hadoop
场景	迭代计算、流计算	大数据数据集的批处理
编程范式	更简洁、更高级的 API，主要使用 Scala、Java、Python 和 R 等编程语言	使用 MapReduce 编程模型，其 API 相对较低级，开发者需要编写更多的代码来实现相同的功能
存储	RDD 结果在内存，延迟小	中间结果在磁盘，延迟大
运行方式	Task 以线程方式维护，启动快	Task 以进程方式维护，启动慢

Spark 与 Hadoop 的比较如下：

(1) 原理。

Hadoop 和 Spark 都是并行计算。Hadoop 的一个作业称为一个 Job，Job 里面分为 Map Task 和 Reduce Task 阶段，且每个 Map Task 和 Reduce Task 都是进程级别的。当 Task 结束时，进程也会随之结束。其好处在于进程之间是相互独立的，每个 Task 独享进程资源，没有相互干扰，监控方便。但是问题在于 Task 之间不方便共享数据，执行效率比较低，比如多个 Map Task 读取不同数据源文件需要将数据源加载到每个 Map Task 中，会造成重复加载和内存浪费。

Spark 的任务称为 Application，一个 SparkContext 对应一个 Application。Application 中存在多个 Job，每触发一次行动算子就会产生一个 Job。每个 Job 中有多个 Stage，Stage 是 Shuffle(洗牌) 阶段 DAGScheduler 通过 RDD 之间的依赖关系划分 Job 而来的，Stage 数量 = 宽依赖 (Shuffle) 数量 + 1(默认有一个 ResultStage)。每个 Stage 里面有多个 Task，组成 Taskset，由 TaskScheduler 分发到各个 Executor 中执行。Executor 的生命周期和 Application 一样，即使没有 Job 运行也是存在的，所以 Task 可以快速启动读取内存进行计算。Spark 基于线程的方式计算是为了数据共享和提高执行效率。Spark 采用了线程的最小执行单位，缺点是线程之间会有资源竞争。

(2) 应用场景。

Hadoop MapReduce 的设计初衷是一次性数据计算 (一个 Job 中只有一次 Map 和 Reduce)，并不是为了满足循环迭代式数据流处理，因此在多并发运行的数据可复用场景 (如机器学习、图挖掘算法、交互式数据挖掘算法) 中存在计算效率低等问题 (使用磁盘交互，进度非常慢)。

Spark 是在传统的 MapReduce 计算框架的基础上，利用其计算过程的优化，从而大大加快了数据分析、挖掘的运行和读写速度，并将计算单元缩小到更适合并行计算和重复使用的 RDD 计算模型。Spark 将 Job 的结果放到了内存当中，为下一次计算提供了更加便利的处理方式，所以 Spark 的迭代效率更高。

Hadoop 适合处理静态数据，对于迭代式流式数据的处理能力差；Spark 通过在内存中缓存处理的数据，提高了处理流式数据和迭代式数据的性能。

(3) 处理速度。

Hadoop 是磁盘级计算，计算时需要在磁盘中读取数据。其采用的是 MapReduce 的逻辑，即把数据进行切片计算，用来处理大量的离线数据。Spark 在内存中几乎可"实时"完成所有的数据分析。

(4) 启动速度。

Spark Task 的启动时间快。Spark 采用 Fork 线程的方式，而 Hadoop 采用创建新的进程的方式。

(5) 中间结果存储。

Hadoop 的中间结果存放在 HDFS 中；Spark 的中间结果优先存放在内存中，内存不够时再存放在磁盘中，不放入 HDFS，这样可避免大量的 I/O (输入/输出) 和刷写读取操作。

(6) 数据通信问题。

Spark 和 Hadoop 的根本差异是多个作业之间的数据通信问题。Spark 多个作业之间的数据通信基于内存，而 Hadoop 多个作业之间的数据通信基于磁盘。

Spark 只有在 Shuffle 时将数据写入磁盘，而 Hadoop 中多个 MapReduce 作业之间的数据交互都依赖于磁盘交互。

任务 1.2　搭建 Spark 集群

搭建 Spark 集群环境是进行 Spark 编程的前提条件，在深入学习 Spark 编程之前需要先搭建 Spark 开发环境。本任务讲解 Spark 集群环境的搭建。

1.2.1　安装准备

由于 Spark 仅仅是一种计算框架，不负责数据的存储和管理，因此通常都会将 Spark 和 Hadoop 进行统一部署，由 Hadoop 中的 HDFS、HBase 等组件负责数据的存储管理，Spark 负责数据计算。

安装 Spark 集群之前，需要安装 Hadoop 环境，本书采用的配置环境如下。

1. 硬软件环境要求

主机操作系统：Windows 64 位，8 GB 内存。

虚拟软件：VMware-workstation-full-15。

虚拟机操作系统：Linux 系统 CentOS7。

2. 虚拟机运行环境

JDK：JDK1.8.0_161。

Hadoop：Hadoop-3.3.4。

Spark：Spark-3.4.0-bin-Hadoop3-Scala2.13。

需要说明的是，关于 Hadoop 开发环境的安装本书不再赘述，如果有读者未安装，可参考《Hadoop 生态系统及开发》(ISBN：978-7-5606-6921-2) 一书完成 Hadoop

环境的安装。

1.2.2 Spark 的部署方式

Spark 支持 3 种典型集群部署方式，即 Standalone、Spark on Mesos 和 Spark on YARN。在企业实际应用环境中，针对不同的应用场景可以采用不同的部署应用方式，如采用 Spark 完全替代原有的 Hadoop 架构，或者采用 Spark 和 Hadoop 一起部署的方式。

Spark 应用程序在集群上部署运行时，可以由不同的组件为其提供资源管理调度服务（资源包括 CPU、内存等），如可以使用自带的独立集群管理器 (Standalone)，可以使用 YARN，也可以使用 Mesos(分布式资源调度引擎)。

1. Standalone 模式

Standalone 模式是集群单机模式，与 MapReduce1.0 框架类似，Spark 框架本身也自带了完整的资源调度管理服务，可以独立部署到一个集群中，而不需要依赖其他系统来为其提供资源管理调度服务。在架构的设计上，Spark 与 MapReduce 1.0 完全一致，都是由一个 Master 和若干个 Slave 构成的，并且以槽 (slot) 作为资源分配单位。不同的是，Spark 中的槽不像 MapReduce 1.0 那样分为 Map 槽和 Reduce 槽，而是设计了统一的一种槽供各种任务使用。

2. Spark on Mesos 模式

Mesos 是一种资源调度管理框架，可以为运行在它上面的 Spark 提供服务。在 Spark on Mesos 模式中，Spark 程序所需要的各种资源都由 Mesos 负责调度。由于 Mesos 和 Spark 存在一定的血缘关系，因此 Spark 这个框架在进行设计开发时，就充分考虑了对 Mesos 的支持。相对而言，Spark 运行在 Mesos 上要比运行在 YARN 上更加灵活、自然。目前，Spark 官方推荐采用这种模式，所以许多公司在实际应用中也采用这种模式。

3. Spark on YARN 模式

Spark 可运行于 YARN 之上，与 Hadoop 进行统一部署，即"Spark on YARN"，其架构如图 1-2 所示，资源管理和调度依赖于 YARN，分布式存储依赖于 HDFS。

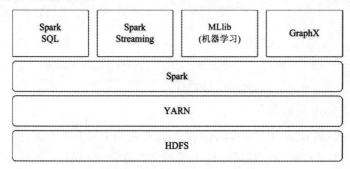

图 1-2　Spark on YARN 架构

以上 3 种分布式部署方式通常需要在不同的场景决定采用哪种方式。由于读者大多是在虚拟机环境下模拟小规模集群，因此可重点学习 Standalone 模式。

1.2.3　Spark 集群的安装与部署

本书将以 3 台服务器的 Spark 集群规划为例，阐述 Standalone 模式下 Spark 集群的安装与部署详情，如表 1-2 所示。

表 1-2　Spark 集群规划

	master	slave1	slave2
HDFS	NameNode、DataNode	DataNode	SecondaryNameNodeDataNode
YARN	NodeManager	NodeManager	NodeManagerResourceManager
Spark	master、slave	slave	slave

从表 1-2 中可以看出，已经准备了 3 台服务器，并做好了初始化，配置好了 JDK 与免密登录等，至此 Hadoop 集群安装完成。

接下来，分步骤演示 Spark 集群的安装与部署，具体如下。

1. 下载 Spark 安装包

Spark 属于全球开源的产品之一，用户可通过浏览器在地址栏中输入网址 https://spark.apache.org/downloads.html 访问 Apach Spark 官网下载使用。本书以目前较为稳定的版本 Spark3.4.0 为例介绍 Spark 的下载与安装，如图 1-3 所示。

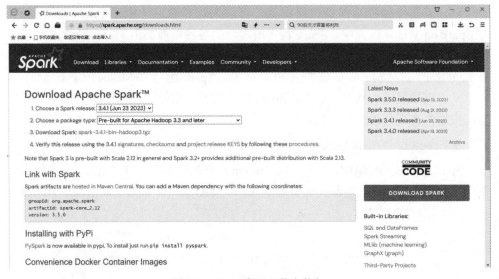

图 1-3　Spark 官网下载安装包

2. 解压 Spark 安装包

首先将下载的 spark-3.4.0-bin-hadoop3.3.tgz 安装包上传到主节点 master 的 /export/software 目录下进行解压，然后将解压后的文件移到 /data/apps 目录，并且修改文件夹名为 spark-3.4.0，执行以下命令：

```
tar -zxvf spark-3.4.0-bin-hadoop3.3.tgz
```

mv spark-3.4.0-bin-hadoop3.3 /data/apps/spark-3.4.0

编辑环境变量，命令如下：

vim /etc/profile

添加内容如下：

SPARK_HOME
export SPARK_HOME=/data/apps/spark-3.4.0
export PATH=$PATH:$SPARK_HOME/bin:$SPARK_HOME/sbin

加载使配置生效，命令如下：

source /etc/profile

3. 修改配置

进入 conf 目录修改 Spark 的配置文件 spark-env.sh，执行以下命令：

cd /data/apps/spark-3.4.0/conf
mv spark-defaults.conf.template spark-defaults.conf
mv spark-env.sh.template spark-env.sh
mv log4j.properties.template log4j.properties

修改 workers 文件，代码如下：

vim workers

添加从机，添加内容如下：

master
slave1
slave2

修改 spark-defaults.conf 配置文件信息，代码如下：

vim spark-defaults.conf

添加内容如下：

spark.master   spark://master:7077
spark.serializer   org.apache.spark.serializer.KryoSerializer
spark.driver.memory   4g

修改 spark-env.sh 配置信息，代码如下：

vim spark-env.sh

添加内容如下：

export JAVA_HOME=/usr/java/JDK1.8.0_161
export HADOOP_HOME=/data/apps/hadoop-3.3/
export HADOOP_CONF_DIR=/data/apps/hadoop-3.3/etc/hadoop
export SPARK_DIST_CLASSPATH=$(/data/apps/hadoop-3.3/bin/hadoop classpath)
export SPARK_MASTER_HOST=master
export SPARK_MASTER_PORT=7077

4. 解决与 Hadoop 的冲突

这里需要注意的是，在 $HADOOP_HOME/sbin 及 $SPARK_HOME/sbin 目录下

都有 start-all.sh 和 stop-all.sh 文件，如果同时加载到环境变量，则会有冲突，需要选择修改其中一个。在输入 start-all.sh/stop-all.sh 命令时，谁的搜索路径在前面就先执行谁，此时会产生冲突。两种解决方案如下：

(1) 删除一组 start-all.sh/stop-all.sh 命令，让另外一组命令生效。

(2) 将其中一组命令重命名。例如，将 $HADOOP_HOME/sbin 路径下的命令重命名为 start-all-hadoop.sh/stopall-hadoop.sh。将其中一个框架的 sbin 路径不放在 PATH 中。

这里选择第 2 种方式，修改 Hadoop 的脚本文件名，代码如下：

```
cd /data/apps/hadoop-3.3/sbin/
mv start-all.cmd start-all-hadoop.cmd
mv start-all.sh start-all-hadoop.sh
mv stop-all.cmd stop-all-hadoop.cmd
mv stop-all.sh stop-all-hadoop.sh
```

5. 分发 spark 目录

将 spark 目录分发到集群中其他两个 slave 节点，执行以下命令：

```
scp -r /export/servers/spark/slave1:/export/servers/
scp -r /export/servers/spark/slave2:/export/servers/
```

登录其他两个从节点，添加环境变量，并加载，代码如下：

```
vim /etc/profile
```

添加内容如下：

```
## SPARK_HOME
export SPARK_HOME=/data/apps/spark-3.4.0
export PATH=$PATH:$SPARK_HOME/bin:$SPARK_HOME/sbin
```

加载使配置生效，代码如下：

```
source /etc/profile
```

6. 启动集群 (Standalone 模式)

在 master 节点上，执行以下命令：

```
start-all.sh
```

在各个节点使用 jps 查看进程，具体内容如下：

(1) master 节点是因为运行了 Zookeeper 和 Kafka，所以用 jps 命令查看时显示多了两个进程 (Master 和 NameNode)，如图 1-4 所示。

图 1-4　Master 节点进程

(2) 在 slave1 节点运行 jps 命令查看节点进程，若成功则显示节点信息，如图 1-5 所示。

```
[root@slave1 kafka]# jps
1632 QuorumPeerMain
2695 DataNode
3354 Kafka
2796 NodeManager
2972 Worker
3373 Jps
```

图 1-5　slave1 节点进程

(3) 在 slave2 节点运行 jps 命令查看节点进程，若成功则显示节点信息，如图 1-6 所示。

```
[root@slave2 kafka]# jps
2275 DataNode
1620 QuorumPeerMain
2935 Kafka
2376 NodeManager
2553 Worker
2954 Jps
[root@slave2 kafka]#
```

图 1-6　slave2 节点进程

Spark 提供了一个 Web 界面，也就是 Spark 管理界面，可以通过浏览器访问 http://192.168.90.206:8080/，查看集群的状态信息，如图 1-7 所示。

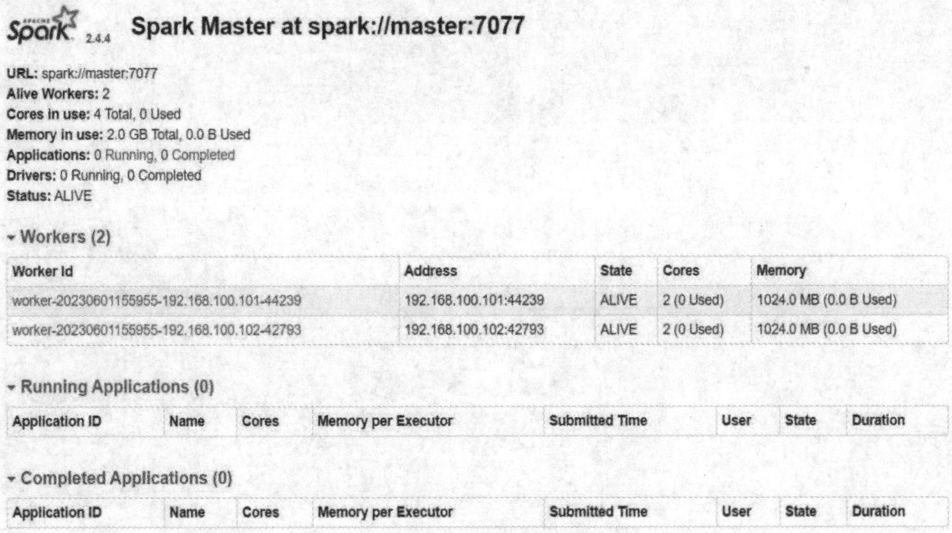

图 1-7　Spark 集群管理界面

7. 测试

运行 SparkPi 案例测试，执行以下命令：

spark-submit--class org.apache.spark.examples.SparkPi /data/apps/spark-3.4.0/examples/jars/spark-examples_2.12-3.4.0.jar 1000

如果得到图 1-8 所示的输出界面，则表示操作成功。

```
[root@master spark-local]# bin/spark-shell --help
Usage: ./bin/spark-shell [options]

Options:
  --master MASTER_URL         spark://host:port, mesos://host:port, yarn, or local.
  --deploy-mode DEPLOY_MODE   Whether to launch the driver program locally ("client") o
                              on one of the worker machines inside the cluster ("cluste
                              (Default: client).
  --class CLASS_NAME          Your application's main class (for Java / Scala apps).
  --name NAME                 A name of your application.
  --jars JARS                 Comma-separated list of local jars to include on the driv
                              and executor classpaths.
  --packages                  Comma-separated list of maven coordinates of jars to incl
                              on the driver and executor classpaths. Will search the lo
                              maven repo, then maven central and any additional remote
                              repositories given by --repositories. The format for the
                              coordinates should be groupId:artifactId:version.
  --exclude-packages          Comma-separated list of groupId:artifactId, to exclude wh
                              resolving the dependencies provided in --packages to avoi
                              dependency conflicts.
  --repositories              Comma-separated list of additional remote repositories to
                              search for the maven coordinates given with --packages.
  --py-files PY_FILES         Comma-separated list of .zip, .egg, or .py files to place
                              on the PYTHONPATH for Python apps.
  --files FILES               Comma-separated list of files to be placed in the working
                              directory of each executor.

  --conf PROP=VALUE           Arbitrary Spark configuration property.
  --properties-file FILE      Path to a file from which to load extra properties. If no
                              specified, this will look for conf/spark-defaults.conf.

  --driver-memory MEM         Memory for driver (e.g. 1000M, 2G) (Default: 1024M).
  --driver-java-options       Extra Java options to pass to the driver.
  --driver-library-path       Extra library path entries to pass to the driver.
  --driver-class-path         Extra class path entries to pass to the driver. Note that
                              jars added with --jars are automatically included in the
                              classpath.

  --executor-memory MEM       Memory per executor (e.g. 1000M, 2G) (Default: 1G).

  --proxy-user NAME           User to impersonate when submitting the application.
                              This argument does not work with --principal / --keytab.

  --help, -h                  Show this help message and exit.
  --verbose, -v               Print additional debug output.
  --version,                  Print the version of current Spark.

 Spark standalone with cluster deploy mode only:
  --driver-cores NUM          Cores for driver (Default: 1).

 Spark standalone or Mesos with cluster deploy mode only:
  --supervise                 If given, restarts the driver on failure.
  --kill SUBMISSION_ID        If given, kills the driver specified.
  --status SUBMISSION_ID      If given, requests the status of the driver specified.

 Spark standalone and Mesos only:
```

图 1-8　SparkPi 案例测试界面

任务 1.3　Spark 运行架构与原理

1.3.1　Spark 集群的运行架构

　　Python 开发人员经常使用 Spark 进行大规模数据处理和实时分析，Spark 是基于内存计算的大数据并行计算框架，比 MapReduce 计算框架具有更高的实时性，同时具有高效容错性和可伸缩性。在学习 Spark 操作之前，首先介绍 Spark 运行架构，如图 1-9 所示。

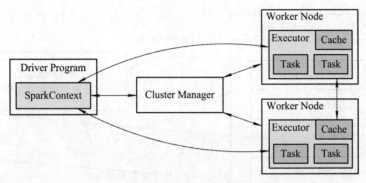

图 1-9　Spark 运行架构

Spark 应用在集群上运行时，包括了多个独立的进程，这些进程之间通过驱动器程序 (Driver Program) 中的 SparkContext 对象进行协调，SparkContext 对象能够与多种集群管理器通信。一旦与集群管理器连接，Spark 会为该应用在各个集群节点上申请执行器 (Executor)，用于执行计算任务和存储数据。Spark 将应用程序代码发送给所申请到的执行器，SparkContext 对象将分割出的任务发送给各个执行器去运行。

需要注意的是，每个 Spark 应用程序都有其对应的多个执行器进程。执行器进程在应用程序生命周期内都保持运行状态，并以多线程方式执行任务。这样做的好处是，执行器进程可以隔离每个 Spark 应用。从调度角度来看，每个驱动器可以独立调度本应用程序的内部任务。从执行器角度来看，不同 Spark 应用对应的任务将会在不同的 JVM 中运行。然而这样的架构也有缺点，多个 Spark 应用程序之间无法共享数据，除非把数据写到外部存储结构中。

Spark 对底层的集群管理器一无所知，只要 Spark 能够申请到执行器进程，能与之通信即可。这种实现方式可以使 Spark 比较容易地在多种集群管理器上运行，如 Mesos、YARN。

驱动器程序在整个生命周期内必须监听并接受其对应的各个执行器的连接请求，因此驱动器程序必须能够被所有 Worker 节点访问。

因为集群上的任务是由驱动器来调度的，所以驱动器应该和 Worker 节点距离近一些，最好在同一个本地局域网中。如果需要远程对集群发起请求，最好在驱动器节点上启动 RPC 服务响应这些远程请求，同时把驱动器本身放在离集群 Worker 节点比较近的机器上。

1.3.2　Spark 运行的基本原理

通过上一小节了解了 Spark 运行架构主要由 SparkContext、Cluster Manager 和

Worker 组成，其中 Cluster Manager 负责整个集群的统一资源管理，Worker 节点中的 Executor 是应用执行的主要进程，内部含有多个 Task 线程以及内存空间。下面通过图 1-10 深入了解 Spark 运行的基本流程。

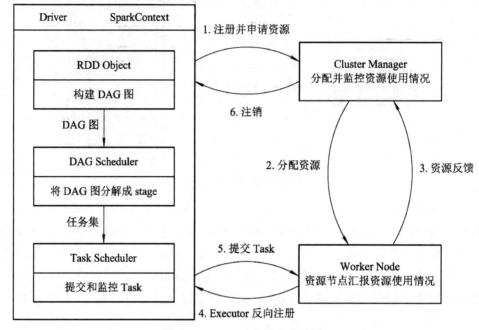

图 1-10　Spark 运行基本流程图

（1）当一个 Spark 应用被提交时，根据提交参数在相应位置创建 Driver 进程，Driver 进程根据配置参数信息初始化 SparkContext 对象，即 Spark 运行环境，由 SparkContext 负责和 Cluster Manager 的通信以及进行资源的申请、任务的分配和监控等。SparkContext 启动后，创建 DAG Scheduler(将 DAG 图分解成 Stage) 和 Task Scheduler(提交和监控 Task) 两个调度模块。

（2）Driver 进程根据配置参数向 Cluster Manager 申请资源 (主要是用来执行的 Executor)，Cluster Manager 接收到应用 (Application) 的注册请求后，会使用自己的资源调度算法，在 Spark 集群的 Worker 节点上通知 Worker 为应用启动多个 Executor。

（3）Executor 创建后，会向 Cluster Manager 进行资源及状态的反馈，便于 Cluster Manager 对 Executor 进行状态监控。如果监控到 Executor 失败，则会立刻重新创建。

（4）Executor 会向 SparkContext 反向注册申请 Task。

（5）Task Scheduler 将 Task 发送给 Worker 进程中的 Executor 运行并提供应用程序代码。

（6）当程序执行完毕后写入数据，Driver 向 Cluster Manager 注销申请的资源。

创新学习

本部分内容以二维码的形式呈现，可扫码学习。

能力测试

1. (单选题) 以下 (　　) 不是 Spark 生态系统。
   A. Spark SQL　　　　　　　B. Spark Streaming
   C. MLlib　　　　　　　　　D. HBase

2. (单选题) 以下 (　　) 不属于 Spark 的特点。
   A. 垃圾回收机制　　　　　　B. 运行速度快
   C. 便于使用　　　　　　　　D. 运行模式多样 (兼容性)

3. (单选题) 以下 (　　) 不属于 Spark 集群环境搭建的步骤。
   A. Linux 系统基础环境搭建　　B. Hadoop 集群安装
   C. Spark 集群安装　　　　　　D. 数据库安装

4. (判断题)Spark 与 Hadoop 都是大数据计算框架，但两者各有其优势。(　　)

5. (判断题)Spark 采用了线程的最小执行单位，并且线程之间没有资源竞争。(　　)

6. 简述 Spark 的主要特点。

7. 简述 Spark 集群的安装与部署的步骤。

8. 简述 Spark 集群的运行架构。

项目二　使用 Scala 实现人事管理系统

项目导入

在项目一中，学习了如何构建 Spark 环境，并体验了 Spark 的入门案例。为了利用 Spark 深入进行数据分析，有必要掌握更丰富的编程知识。Spark 作为一个大数据处理框架，支持多种编程语言，包括 Java、Scala 和 Python 等。鉴于 Scala 作为 Spark 的原生语言，并且具备强大的函数式编程特性，本书将以 Scala 为主要介绍语言。本项目将从搭建 Scala 开发环境讲起，逐步过渡到 Scala 基础语法，并在最后逐步实现简单的人事管理系统。

知识目标

- 了解 Scala 语言的概念与特点。
- 掌握 Scala 的下载与安装。
- 熟悉 Scala 的基础语法。
- 了解 Scala 代码的多种运行方式。

能力目标

- 能够搭建 Scala 开发环境。
- 能够掌握 Scala 的基础语法。
- 能够使用 Scala 实现简单编程。
- 能够使用 Scala 开发完整案例。

素质目标

- 培养恪守职业道德、提升职业素养的敬业精神。
- 培养尊重法律底线，遵守社会规则的法治精神。

项目导学

在现代企业管理体系中，人事管理系统扮演着至关重要的角色。它不仅是企业信息化的基石，更是决策层和管理层不可或缺的智囊。一个优秀的人事管理系统应当能够提供全面而详尽的员工信息，以支撑管理决策的精准性和高效性。设计精良的人事管理系统旨在简化人力资源管理流程，提升工作效率。它应具备添加新员工信息的功能，以便在组织扩张时迅速整合新成员资料。同时，当员工离开公司时，系统也需要能够便捷地删除相关数据，确保员工数据库的准确性和时效性。此外，系统应提供强大的查询功能，使管理员能够通过多种条件进行检索，无论是基于姓名、职位，还是基于其他关键信息，都能迅速定位到特定员工资料。这样的设计不仅便于日常管理，也为制订人才发展计划、绩效评估和薪酬管理等提供了坚实的数据支持。在安全性方面，人事管理系统应实施严格的权限控制，确保只有授权的管理员才能访问、修改或删除敏感的员工信息。这样的措施保护了员工的隐私，同时也维护了企业的数据安全。

任务 2.1　搭建 Scala 开发环境

2.1.1　Scala 简介

1. Scala 的概念

Scala 是一种集面向对象和函数式编程优点于一身的现代多范式编程语言，由马丁·奥德斯基 (Martin Odersky) 和他的团队在 2003 年开发。Scala 这一名称来自"Scalable Language"的缩写，意为"可伸缩的语言"，旨在适应不断变化的编程需求。作为一种运行在 Java 虚拟机 (Java Virtual Machine，JVM) 上的语言，Scala 能够无缝地利用 Java 的丰富类库资源。

2. Scala 的特点

作为一种高级语言，Scala 以其丰富的特性吸引了众多开发者。Scala 的特点可概括为以下 5 点：

(1) 面向对象：Scala 是一种纯面向对象的语言，每个值都是对象，包括数字、函数和数组。Scala 支持高级的面向对象特性，如类继承、抽象类、接口 (特质 Trait) 和对象组合。

(2) 函数式编程：Scala 支持函数式编程范式。它不仅提供了不可变数据类型，而且具有将函数作为一等公民的能力。这意味着函数可以被作为参数传递，也可以作为结果返回，还可以被赋值给变量。

(3) 静态类型：尽管 Scala 是静态类型的语言，然而它的类型系统是非常灵活的，支持泛型、类型推导以及复合类型等。静态类型系统在编译时期就能够捕捉到很多错误，这是动态类型语言难以比拟的。

(4) 扩展性：Scala 的设计允许以一种非常自然的方式来扩展语言本身。通过隐式转换和宏，用户可以在不改变语言语法的情况下引入新的语言结构。

(5) 兼容性：由于 Scala 是运行在 JVM 上的，它可以非常容易地与 Java 代码和库进行互操作。这为 Scala 的使用提供了极大的灵活性和强大的生态系统支持。

Scala 的这些特点不仅在大数据处理领域表现出色，也完全适用于各类通用软件开发场景。

2.1.2 搭建 Scala 开发环境

Scala 是一种跨平台的编程语言，支持在 Windows 和 Linux 等操作系统上安装和运行。本节将详细介绍如何在 Windows 操作系统上安装和配置 Scala 环境。需要注意的是，在进行 Scala 的安装之前，应确保 Java 开发工具包 (JDK 8 版本) 已经正确安装，并且相关的环境变量配置妥当。具体步骤如下：

(1) 下载 Scala 2.13.8 版本的 Windows 安装包。

访问 Scala 官方网站 (http://scala-lang.org/)，下滑窗口到网页最下方，找到"All versions"，如图 2-1 所示。

图 2-1　选择所有版本下载按钮

在页面右侧找到"Scala 2.13.8"，如图 2-2 所示。

图 2-2　Scala 2.13.8 版本

项目二 使用 Scala 实现人事管理系统

单击"Scala 2.13.8"之后,可以看到各种操作系统的版本,此处选择"scala-2.13.8.msi"安装包文件进行下载,如图 2-3 所示。

Other resources

You can find the installer download links for other operating systems, as well as documentation and source code archives for Scala 2.13.8 below.

Archive	System	Size
scala-2.13.8.tgz	Mac OS X, Unix, Cygwin	22.65M
scala-2.13.8.msi	Windows (msi installer)	134.43M
scala-2.13.8.zip	Windows	22.69M
scala-2.13.8.deb	Debian	654.12M
scala-2.13.8.rpm	RPM package	134.67M
scala-docs-2.13.8.txz	API docs	60.19M
scala-docs-2.13.8.zip	API docs	115.17M
scala-sources-2.13.8.tar.gz	Sources	7.5M

图 2-3 下载 scala-2.13.8.msi 安装包

(2) 安装 scala-2.13.8.msi。

双击下载好的 scala-2.13.8.msi 安装包文件,单击"Next"按钮,在弹出的窗口中勾选协议信息,再单击"Next"按钮,如图 2-4、图 2-5 所示。

图 2-4 安装欢迎页面

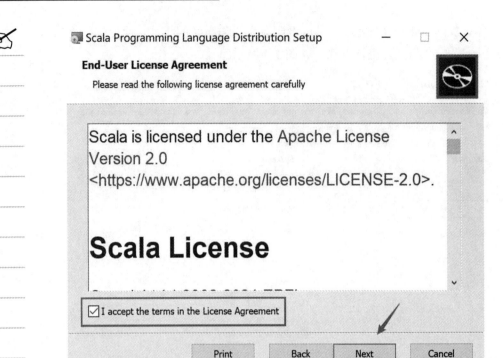

图 2-5　同意协议界面

默认安装在 C 盘，可自行更改成合适的路径，此处不做更改，如图 2-6 所示。

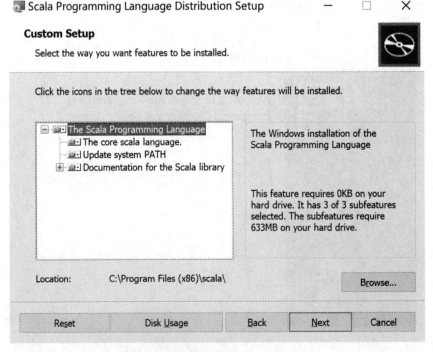

图 2-6　选择路径

单击 "Update system PATH"，选择 "Will be installed on local hard drive"，表

示将 Scala 的执行路径添加到系统的 PATH 环境变量中，如图 2-7 所示。

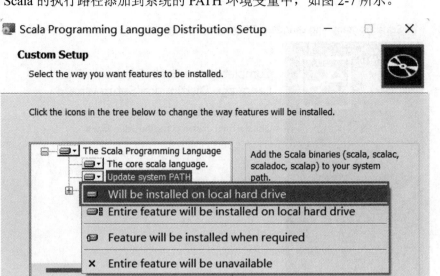

图 2-7　配置 Scala 环境变量

单击"Next"按钮之后，进入安装提示页面，如图 2-8 所示。

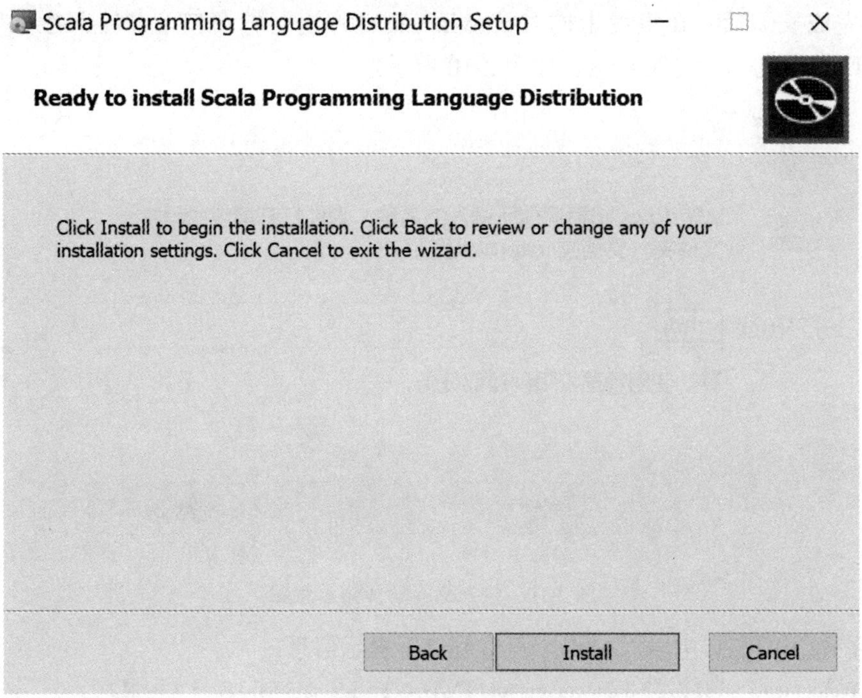

图 2-8　安装提示页面

单击"Install"按钮，稍等片刻即可安装完成，如图 2-9 所示。

图 2-9　完成 Scala 的安装

单击"Finish"按钮，完成 Scala 的安装。

(3) 校验 Scala 是否安装正确。

完成安装后，在键盘上同时按 Win + R 键弹出运行窗口，在输入栏中输入"cmd"命令进入命令解释器，如图 2-10 所示。

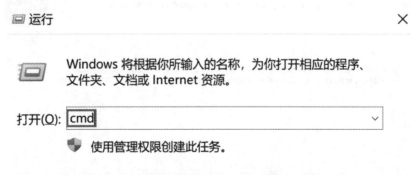

图 2-10　进入命令解释器示意图

在弹出的窗口中输入 scala，可看到以下提示信息：

Welcome to Scala 2. 13.8 (Java Hotspot (TM) 64-Bit Server VM, Java 1.8.0_212).

弹出以上信息说明安装成功，如图 2-11 所示。

图 2-11　Scala 安装正确示意图

2.1.3　Scala 代码的运行方式

在大数据处理和分析领域，Scala 语言因其强大的功能和简洁的语法而广受欢迎。不同的运行环境和工具为 Scala 代码的执行提供了多样化的选择。以下是 4 种常见的 Scala 代码运行方式以及相应的操作步骤和适用场景，如表 2-1 所示。

表 2-1　Scala 代码的 4 种运行方式

序号	运行方式	操作步骤	适用场景
1	Scala 环境	在命令行工具中输入"scala"命令以进入 Scala 交互式环境，随后可在此环境中直接输入并执行代码段	适用于快速测试和交互式编程
2	记事本文件	使用文本编辑器新建并编写 Scala 代码，保存为".scala"文件后，在命令行中切换至该文件所在目录。通过执行"scalac 文件名.scala"进行编译，再输入"scala 文件名"运行编译后的程序	适用于简单的代码编写和练习
3	IDE 环境	在 IntelliJ IDEA 或 Eclipse 等集成开发环境中创建 Scala 项目，编写代码后可直接运行。对于需要用户输入的情况，只需在运行配置中预先设定即可	适用于大型项目开发和代码调试
4	SBT 环境	启动命令行工具，输入"sbt console"命令进入 SBT 控制台，此时可在此环境中录入并执行所需的 Scala 代码段	适用于需要构建和管理 Scala 项目的场合

方式 1 相对简单，在 2.1.2 小节的"校验 Scala 是否安装正确"部分已经进行了实际操作。本小节将主要对方式 2 进行详细阐述，而方式 3 的讨论将在后续的项目四中结合 Spark 编程实践进行介绍。对于方式 4，此处不作讲述，感兴趣的读者可自行检索相关资料以获取更多信息。

记事本文件方式运行 Scala 代码实操的过程如下。

首先，打开一个文本编辑器，如 Notepad++、Sublime Text 或 Visual Studio Code 等。在文本编辑器中编写 Scala 代码。例如，编写一个简单的"Hello, World!"程序，代码如下：

```scala
object HelloWorld {
  def main(args: Array[String]): Unit = {
    println("Hello, World!")
  }
}
```

编辑完后保存文件，命名为"HelloWorld.scala"，注意扩展名为".scala"，这是 Scala 源文件的标准格式。

然后，打开命令行工具（如 Windows 的命令提示符或 PowerShell、macOS 和 Linux 的终端），并切换至保存"HelloWorld.scala"文件的目录。例如，文件位于 C 盘的"scala_projects"文件夹中，输入以下命令：

```
cd C:\scala_projects
```

使用"scalac"命令编译 Scala 文件，输入以下命令：

```
scalac HelloWorld.scala
```

如果看到命令行返回到新的提示符，无任何错误信息出现，且 scala_projects 文件夹下新生成了 HelloWorld$.class 和 HelloWorld.class 两个文件，则说明编译过程成功。生成的这两个".class"文件即编译后的字节码文件。

最后，运行编译后的 Scala 程序，在命令行中输入以下命令：

```
scala HelloWorld
```

按回车键运行程序，若在命令行中显示以下结果：

```
Hello, World!
```

则表示 Scala 代码运行成功，如图 2-12 所示。

图 2-12　Scala 代码运行正确示意图

以上便是使用记事本文件方式运行 Scala 代码的详细步骤，在后续任务 2.3 中，只需重复上述流程即可完成编写、编译并运行人事管理系统。

任务 2.2 学习 Scala 基础语法

2.2.1 基本语法和结构

通过对 Scala 的简要介绍和特点分析，可以看到 Scala 为解决现代软件开发中的多种挑战提供了一种高效、强大且灵活的工具。下面将通过示例讲解变量声明、包导入、条件语句、循环、函数定义和主函数的使用，代码如下：

```scala
// 包导入
import scala.io.StdIn

object BasicSyntaxExample {
  // 函数定义
  def calculateFactorial(n: Int): Int = {
    // 变量声明
    var result = 1
    // 循环
    for (i <- 1 to n) {
      result *= i
    }
    result
  }

  // 主函数
  def main(args: Array[String]): Unit = {
    println("请输入一个正整数:")
    val input = StdIn.readInt()

    // 条件语句
    if (input < 0) {
      println("输入必须是正整数！")
    } else {
      val factorial = calculateFactorial(input)
      println(s"${input} 的阶乘是：$factorial")
    }
  }
}
```

上述程序的功能是计算输入的正整数的阶乘。如果用户输入一个正整数，例如"5"，程序会计算并输出该数的阶乘，即"5 的阶乘是：120"。如果用户输入的是负数，例如"-3"，则程序会输出错误信息，提示"输入必须是正整数！"。

此示例展示了 Scala 的基本语法和结构的使用，包括如何声明变量、导入包、使用条件语句和循环、定义函数以及创建主函数，还演示了如何接收用户输入并根据输入执行不同的操作。具体包含以下知识点：

(1) 包导入。在 Scala 中，import 语句用于将类、接口、对象或方法从其他包引入到当前代码文件中。在本例中，import scala.io.StdIn 用于引入标准输入相关的 API，以便程序可以读取用户的输入，如使用 readInt() 来读取用户输入的整数。

(2) 函数定义。在 Scala 中，函数是一等公民，意味着它们可以被当作任何其他类型的值一样被赋值给变量或作为参数传递。函数定义的基本格式是 def functionName (parameters) returnType = { /* 函数体 */ }。在本例中，calculateFactorial 接受一个整数参数 n，并返回计算结果的整数。

(3) 变量声明。在 Scala 中，可以使用 var 和 val 来声明变量。var 表示可变变量，其值可以在后续代码中更改；而 val 表示不可变变量，一旦赋值就不能再更改，以达到更加安全的目的。在本例中，calculateFactorial 函数中使用 var result = 1 声明了一个可变变量。main 函数中的代码 val input = StdIn.readInt() 指用户输入的整数不可变变量。

(4) 循环。Scala 中的 for 循环非常强大，它可以用于传统的迭代循环，也可以用于操作集合或序列的元素。for 循环的格式为 for(i <- 1 to n) { /* body */ }。此处，"i <- 1 to n"创建了一个从 1 到 n 的范围，并且对于该范围内的每个元素，都会执行一次循环体中的代码。

(5) 主函数。Scala 程序的入口点是定义为 main 的方法。def main(args: Array[String]): Unit = { /* body */ } 定义了主函数，其中 args 是一个包含命令行参数的数组。返回类型 Unit 相当于 Java 中的 void，表明这个函数不返回任何值。

(6) 条件语句。Scala 中的 if...else 结构与 Java 非常相似，但 Scala 提供了更丰富的表达式语法。Scala 的 if...else 是一个表达式，这意味着它总是返回一个值。这与 Java 不同，Java 中的 if 语句不返回值。因此，可以将 Scala 的 if...else 嵌套在其他表达式中使用。

2.2.2 数据类型和操作

下面将通过示例讲解字符串插值、集合 (Map)、类型推断和类型别名，代码如下：

```
import scala.collection.immutable

object DataTypesAndOperationsExample {
  //类型别名
  type StudentGrades = immutable.Map[String, Double]

  def main(args: Array[String]): Unit = {
```

```scala
    // 字符串插值
    val schoolName = "Scala 高中"
    println(s"欢迎来到 $schoolName!")

    // 集合 (Map) 和类型推断
    val grades: StudentGrades = immutable.Map(
      "Alice" -> 95.5,
      "Bob" -> 87.0,
      "Charlie" -> 92.5
    )

    // 添加新学生成绩
    val updatedGrades = grades + ("David" -> 88.5)

    // 使用字符串插值和 Map 操作
    updatedGrades.foreach { case (name, grade) =>
      println(f"$name 的成绩是: $grade%.1f")
    }

    // 计算平均成绩
    val averageGrade = grades.values.sum / grades.size
    println(f"班级平均成绩是: $averageGrade%.2f")

    // 使用类型推断
    val topStudent = grades.maxBy(_._2)
    println(s"最高分学生是 ${topStudent._1}，成绩为 ${topStudent._2}")
  }
}
```

上述程序展示了如何使用字符串插值来格式化输出，如何创建和操作不可变 Map 集合，如何使用 Scala 的类型推断功能，以及如何使用类型别名来提高代码的可读性。上述程序还演示了一些常见的集合操作，如添加元素、遍历、求和和查找最大值。具体包含以下知识点：

(1) 类型别名。类型别名提供了一种方式来给复杂的类型命名，以提高代码的可读性和易用性。在本例中，type StudentGrades = Map[String, Double] 定义了一个类型别名 StudentGrades，它简化了 Map[String, Double] 的表示，使代码更加清晰。

(2) 字符串插值。在 Scala 中，通过字符串插值可以方便地构造字符串，允许在字符串文字中嵌入表达式的值。Scala 提供了两种主要的插值器：

① s 插值器 (s"...")：用于简单的情形，其中字符串文字中的表达式被替换为它们的字符串表示形式。例如，在代码 println(s"欢迎来到 $schoolName!") 中，

$schoolName 指的是"Scala 高中",所以最终会输出"欢迎来到 Scala 高中!"。

② f 插值器 (f"..."):用于格式化字符串,可以指定格式选项,比如浮点数的精度等。而 println(f"$name 的成绩是:$grade%.1f") 会按照指定的格式输出学生的名字和成绩,"%.1f"表示保留一位小数。当需要保留两位小数时将 1 改为 2 即可。

(3) 集合 (Map)。在 Scala 中,Map 是一个键值对集合,其中每个键都关联一个值。在本例中,使用 immutable.Map 创建了一个不可变集合来存储学生的名字和成绩。通过 "->" 操作符添加元素到集合中,对于不可变 Map,可以使用 "+" 操作符创建一个包含新元素的新 Map。对于可变 Map,可通过 "+=" 操作符更新 Map。

(4) 类型推断。在 Scala 中,如果未显式声明变量的类型,则编译器会自动推断出最合适的类型,这称为类型推断。例如,在代码中,虽然未明确声明 averageGrade 的类型,但 Scala 编译器根据其值自动推断出它是 Double 类型。

运行程序,输出结果如下:

```
欢迎来到 Scala 高中!
Alice 的成绩是:95.5
Bob 的成绩是:87.0
Charlie 的成绩是:92.5
David 的成绩是:88.5
班级平均成绩是:91.67
最高分学生是 Alice,成绩为 95.5
```

通过这个示例,读者可以了解 Scala 中数据类型和操作的基本用法,以及如何在实际场景中应用这些概念。

2.2.3 面向对象编程

下面将通过示例讲解类和对象的定义、封装、方法重载和命名约定,具体代码如下:

```scala
// 普通类
class Employee(private var _name: String, private var _salary: Double) {
  // 封装:使用私有字段和公共方法
  def name: String = _name
  def salary: Double = _salary

  def salary_=(newSalary: Double): Unit = {
    if (newSalary > 0) _salary = newSalary
  }

  // 方法重载
  def promote(amount: Double): Unit = {
    salary += amount
```

```scala
  }

  def promote(percentage: Int): Unit = {
    salary *= (1 + percentage / 100.0)
  }

  override def toString: String = f"Employee(name=$name, salary=$salary%.2f)"
}

// 单例对象
object HRSystem {
  private val employees = scala.collection.mutable.ArrayBuffer[Employee]()

  def addEmployee(employee: Employee): Unit = {
    employees += employee
  }

  def printAllEmployees(): Unit = {
    employees.foreach(println)
  }
}

//case class
case class Department(name: String, head: Employee)

object ObjectOrientedExample {
  def main(args: Array[String]): Unit = {
    // 创建 Employee 实例
    val john = new Employee("John Doe", 50000)
    val jane = new Employee("Jane Smith", 60000)

    // 使用方法
    println(john)
    john.promote(5000.0)
    println(s"After promotion: $john")

    jane.promote(10)
    println(s"After percentage promotion: $jane")

    // 使用单例对象
```

```
        HRSystem.addEmployee(john)
        HRSystem.addEmployee(jane)

        println("\nAll employees:")
        HRSystem.printAllEmployees()

        // 使用 case class
        val itDepartment = Department("IT", jane)
        println(s"\nDepartment: ${itDepartment.name}, Head: ${itDepartment.head.name}")
    }
}
```

上述程序展示了 Scala 语言的面向对象编程特性。首先定义了一个 Employee 类，包含私有字段和方法来封装数据，并提供了方法重载以不同方式提升薪资。然后创建了一个 HRSystem 单例对象，用于管理员工记录。最后，使用 case class 定义了 Department 类，并在 main 函数中创建了 Employee 和 Department 实例，演示了如何使用这些类和方法。程序输出展示了员工的初始状态、加薪后的状态、所有员工的信息以及部门信息。具体包含以下知识点：

(1) 类和对象。类和对象主要概括为 3 种：普通类、单例对象和 case class。

① 普通类 (Employee)：定义了一个表示员工的类，包含姓名和薪水属性，并且提供了修改薪水的逻辑。

② 单例对象 (HRSystem)：作为全局的人力资源管理系统，可以添加员工并打印所有员工信息。在 Scala 中，单例对象是只初始化一次的单例模式实例。

③ case class(Department)：用于创建不可变的数据结构，通常用于模式匹配。Department 包含部门名称和部门负责人。

(2) 封装。此处介绍私有字段与公共方法。

① 私有字段：_name 和 _salary 被声明为私有，这意味着它们不能直接从类的外部访问。

② 公共方法：通过公共方法 name 和 salary 来访问私有字段的值，而 salary_ 方法允许条件性地更新 _salary 字段。

(3) 方法重载。本例涉及 promote 方法，即同一个方法名 (promote) 可以根据传入参数的不同 (Double 类型或 Int 类型)，执行不同的逻辑。

(4) 命名约定。本例主要介绍大驼峰命名法与小驼峰命名法。

① 大驼峰命名法：用于类名 (如 Employee、Department)，每个单词的首字母需要大写，不使用下画线。

② 小驼峰命名法：用于方法和变量名 (如 addEmployee、printAllEmployees)，除了第一个单词外，每个单词的首字母需要大写。

运行程序，输出结果如下：

```
Employee(name=John Doe, salary=50000.00)
```

After promotion: Employee(name=John Doe, salary=55000.00)

After percentage promotion: Employee(name=Jane Smith, salary=66000.00)

All employees:

Employee(name=John Doe, salary=55000.00)

Employee(name=Jane Smith, salary=66000.00)

Department: IT, Head: Jane Smith

扩展说明：

(1) case class 特性：与普通类相比，case class 自动具备一些功能，如模式匹配、自动生成 toString 方法等。

(2) 可变与不可变集合：在 HRSystem 中使用了可变的 ArrayBuffer 来存储员工信息，这在多线程环境下可能会导致出现问题。对于并发程序设计，推荐使用不可变集合。

通过这个示例，读者不仅可以看到 Scala 丰富的语法特性，还可以理解面向对象编程的核心原则如何在不同的语言环境中得以实现和应用。

2.2.4　函数式编程

下面将通过示例讲解模式匹配 (Pattern Matching)、Option 和 Either 的使用，以及不可变性的概念，代码如下：

```
object FunctionalProgrammingExample {
  // 使用 case class 来定义不可变的数据结构
  case class Book(id: Int, title: String, author: String, price: Double)

  // 模拟数据库
  val bookDatabase: Map[Int, Book] = Map(
    1 -> Book(1, "Scala 编程 ", "Martin Odersky", 49.99),
    2 -> Book(2, " 函数式编程实践 ", "Paul Chiusano", 39.99),
    3 -> Book(3, "Scala 函数式设计 ", "Paul Chiusano", 44.99)
  )

  // 使用 Option 来处理可能不存在的值
  def findBook(id: Int): Option[Book] = bookDatabase.get(id)

  // 使用 Either 来处理可能的错误
  def buyBook(id: Int, money: Double): Either[String, Double] = {
    findBook(id) match {
      case Some(book) =>
        if (money >= book.price) {
```

```
      Right(money - book.price)
    } else {
      Left(s"余额不足。需要 ${book.price}，但只有 $money")
    }
  case None => Left(s"未找到 ID 为 $id 的书")
  }
}

// 使用模式匹配来处理不同的情况
def describeBook(book: Book): String = book match {
  case Book(_, title, "Martin Odersky", _) => s"《$title》是 Scala 的创始人编写的书"
  case Book(_, title, author, price) if price > 40 => s"《$title》是一本昂贵的书，作者是 $author"
  case Book(_, title, author, _) => s"《$title》的作者是 $author"
}

def main(args: Array[String]): Unit = {
  // 测试 findBook 函数
  println(" 查找书籍:")
  println(findBook(1))          // Some(Book(1,Scala 编程,Martin Odersky,49.99))
  println(findBook(4))          // None

  // 测试 buyBook 函数
  println("\n 购买书籍:")
  println(buyBook(2, 50.0))     // Right(10.009999999999998)
  println(buyBook(2, 30.0))     // Left( 余额不足。需要 39.99，但只有 30.0)
  println(buyBook(4, 50.0))     // Left( 未找到 ID 为 4 的书 )

  // 测试 describeBook 函数
  println("\n 描述书籍:")
  bookDatabase.values.foreach(book => println(describeBook(book)))

  // 演示不可变性和函数式操作
  println("\n 函数式操作:")
  val expensiveBooks = bookDatabase.values.filter(_.price > 40)
  val totalPrice = expensiveBooks.map(_.price).sum
  println(f"价格超过 40 的书共有 ${expensiveBooks.size} 本，总价为 $totalPrice%.2f")
}
}
```

上述程序展示了 Scala 中的几个关键概念：模式匹配用于处理 Option 和 Either 类型，分别代表可能存在或不存在的值和可能成功或失败的操作；Option 用于表示书籍可能不在库存中，而 Either 用于表示购书操作的结果（成功或失败）。此外，通过使用 case class 定义的 Book 类和不可变的 Map 来存储书籍数据，强调了不可变性的重要性。函数式编程的风格是通过使用 filter、map 和 sum 等操作处理集合，而不是直接修改它们，这也体现了不可变性的应用。具体包含以下知识点：

(1) 模式匹配。类似于 Java 中的 swich case 语法，即对一个值进行条件判断，然后针对不同的条件执行相应的操作。

① 在 buyBook 函数中使用模式匹配处理 Option 结果。

Option[T] 有两个子类：Some[T] 和 None。Some[T] 表示一个值确实存在，并且持有该值，None 表示一个值不存在。本例中的 T 为 Book，首先 findBook(id) 返回 Option[Book] 类型，然后通过模式匹配来检查书籍是否存在，最后使用 Some(book) 和 None 两种模式来区分书籍存在和不存在的情况，并据此执行不同的逻辑。

② 在 describeBook 函数中使用模式匹配处理不同的书籍情况。

通过模式匹配，可以根据书籍的不同属性（如作者、价格等）来决定如何描述书籍。本例展示了 3 种不同的模式：由 Martin Odersky 编写的书籍、价格超过 40 元的书籍和其他情况。bookDatabase.values 会返回一个 Iterable[Book] 类型的集合，包含 bookDatabase 中所有的 Book 对象，如果匹配，就返回描述语句。这 3 种匹配情况分别为 author 属性等于 "Martin Odersky"、price 属性大于 40 和匹配所有其他 Book 对象。

(2) Option 和 Either。在 Scala 中，Option 和 Either 是两个非常重要的类型，用于处理可能出现错误或缺失值的情况。

① 使用 Option 表示可能不存在的书籍。

Option 类型是函数式编程中处理可能的空值的一种方式。它有两种形式：Some(value) 表示存在值，而 None 表示不存在值。这避免了直接使用 null，从而减少了空指针异常的风险。

② 使用 Either 表示购买操作的成功或失败。

Either 类型用于表示操作的两种可能结果：右侧 (Right) 表示成功的结果，而左侧 (Left) 表示某种形式的失败或错误。在本例中，购买书籍可能成功（返回剩余金额），也可能因为各种原因失败（返回错误消息）。

(3) 不可变性 (Immutability)。Scala 鼓励使用不可变数据结构和纯函数式操作，以增强代码的线程安全性、可测试性和可维护性。

① 使用 case class 定义不可变的 Book 类。

case class 自动为其字段生成了一些有用的方法（如 equals、hashCode 和 toString)，并且它是不可变的，这意味着一旦创建，其状态就不能被修改。

② 使用不可变的 Map 存储书籍数据。

与可变的 HashMap 不同，Scala 中的 Map 默认是不可变的，这意味着一旦创建，就不能添加或删除元素。这鼓励进行纯粹的函数式操作，避免了副作用。

③ 使用函数式操作处理数据。

通过使用 filter、map、sum 等高阶函数，可以对集合进行复杂的操作，而不需要改变原始数据。这种操作方式避免了直接修改数据，使代码更加清晰且易于理解和维护。

运行程序，输出结果如下：

```
查找书籍：
Some(Book(1,Scala 编程,Martin Odersky,49.99))
None

购买书籍：
Right(10.009999999999998)
Left( 余额不足。需要 39.99，但只有 30.0)
Left( 未找到 ID 为 4 的书 )

描述书籍：
《Scala 编程》是 Scala 的创始人编写的书
《函数式编程实践》的作者是 Paul Chiusano
《Scala 函数式设计》是一本昂贵的书，作者是 Paul Chiusano

函数式操作：
价格超过 40 的书共有 2 本，总价为 94.98
```

扩展说明：

在计算机中，浮点数的表示通常是以二进制的形式存储的，这意味着某些小数无法被精确地表示。当进行浮点数的加减乘除运算时，会产生微小的误差，造成结果与期望值之间的差异。

在本例中，当执行 buyBook(2, 50.0) 时，由于浮点数精度的限制，实际计算结果是"50.0 - 39.99 = 10.009999999999998"，而不是预期的 10.01，这是由 Scala 中浮点数运算的精度问题造成的。这种浮点数精度问题在科学计算、金融计算等对精度要求较高的领域中较为常见。为了解决这个问题，使用 BigDecimal 类型用于处理高精度 decimal 数据的类型，可以避免浮点数精度问题。

本例是一个函数式编程实践的展示，涵盖了模式匹配、Option/Either 类型以及不可变性等核心概念。

2.2.5 输入输出和异常处理

下面将通过示例讲解控制台的输入输出和使用 Either 进行错误处理，代码如下：

```
import scala.io.StdIn
import scala.util.{Try, Success, Failure}
import java.io._

object InputOutputAndExceptionHandlingExample {
```

```scala
// 使用 Either 处理可能的错误
def readInt(prompt: String): Either[String, Int] = {
  print(prompt)
  Try(StdIn.readInt()) match {
    case Success(number) => Right(number)
    case Failure(_) => Left("输入无效,请输入一个整数。")
  }
}

def divide(a: Int, b: Int): Either[String, Double] = {
  if (b == 0) {
    Left("除数不能为零。")
  } else {
    Right(a.toDouble / b)
  }
}

def writeToFile(filename: String, content: String): Either[String, Unit] = {
  Try {
    val writer = new PrintWriter(new File(filename))
    try {
      writer.write(content)
      Right(())
    } finally {
      writer.close()
    }
  } match {
    case Success(_) => Right(())
    case Failure(e) => Left(s"写入文件失败: ${e.getMessage}")
  }
}

def readFromFile(filename: String): Either[String, String] = {
  Try {
    val source = scala.io.Source.fromFile(filename)
    try {
      Right(source.mkString)
    } finally {
      source.close()
    }
```

```
  } match {
    case Success(content) => content
    case Failure(e) => Left(s"读取文件失败: ${e.getMessage}")
  }
}

def main(args: Array[String]): Unit = {
  println("欢迎使用除法计算器!")

  val result = for {
    numerator <- readInt("请输入被除数: ")
    denominator <- readInt("请输入除数: ")
    quotient <- divide(numerator, denominator)
  } yield quotient

  result match {
    case Right(value) => println(f"结果是: $value%.2f")
    case Left(error) => println(s"错误: $error")
  }

  // 演示文件输入输出
  val filename = "test.txt"
  val content = "Hello, Scala I/O!"

  val writeResult = writeToFile(filename, content)
  writeResult match {
    case Right(_) => println("文件写入成功。")
    case Left(error) => println(s"文件写入错误: $error")
  }

  val readResult = readFromFile(filename)
  readResult match {
    case Right(fileContent) => println(s"文件内容: $fileContent")
    case Left(error) => println(s"文件读取错误: $error")
  }
 }
}
```

上述程序展示了如何使用 Either 类型进行异常处理，主要包含两个部分：一部分是一个简单的交互式除法计算器，用户可以输入被除数和除数，程序会返回结果或错误信息；另一部分是文件输入输出操作，包括将字符串写入文件和从文件中读取内容，同样使用 Either 类型处理可能的错误。整个程序通过命令行与用户交互，并在出现错误时提供清晰的反馈。具体包含以下知识点：

(1) 控制台输入输出。通过标准输入 (stdin) 从用户那里读取数据，以及通过标准输出 (stdout) 向用户显示信息的过程。

① StdIn.readInt() 是 Scala 的标准输入函数，用于从控制台读取用户输入的整数。如果用户输入的不是一个有效的整数，那么这个函数会抛出一个异常。

② println 和 print 是 Scala 的标准输出函数，分别用于打印字符串并在末尾添加换行符以及打印字符串但不添加换行符。在本例中，它们被用来向用户展示信息或者提示。

(2) 错误处理 (Either)。使用 Either[A, B] 类型来表示可能失败的操作结果的方法，其中 Left 表示错误信息，Right 表示成功结果，允许以函数式和类型安全的方式处理和传播错误。

① Either[String, Int] 和 Either[String, Double] 是 Scala 的一种数据结构，用于表示可能的错误或成功的结果。

② 使用 for 推导式可以方便地组合多个返回 Either 类型的操作。在本例中，如果任何一个操作失败 (即返回了 Left)，那么整个 for 表达式都会立即停止并返回那个错误的 Left 值。

(3) 异常处理。异常处理用于捕获、处理和管理程序执行过程中可能发生的异常情况或错误，以确保程序能够优雅地响应并从这些异常中恢复，而不是突然终止。

① Try 是一个函数，它接受一个可能会抛出异常的代码块，然后返回一个 Try 对象。此对象可能是 Success(如果代码块成功执行) 或者 Failure(如果代码块抛出了异常)。

② Success 和 Failure 是 Try 对象的两种可能的状态。在本例中，用它们来处理可能抛出异常的操作，如 StdIn.readInt() 和文件 I/O。

(4) 文件输入输出。程序与外部文件系统进行数据交换的过程，包括从文件读取数据 (输入) 和向文件写入数据 (输出)。

① PrintWriter 是 Java 的一个类，用于将文本写入文件。在本例中，用它来创建一个新文件并向其中写入一些内容，写入成功后，会生成一个 test.txt 文件，里面的内容为 "文件内容:Hello,ScalaI/O!"。

② scala.io.Source 是 Scala 的一个类，用于从文件中读取文本。在本例中，用它来读取之前写入的内容。

运行程序，可能的输出结果如下 (具体输出取决于用户输入)：

```
欢迎使用除法计算器！
请输入被除数: 10
请输入除数: 3
结果是: 3.33
文件写入成功。
文件内容: Hello, Scala I/O!
```

如果用户输入无效或发生错误，输出结果如下：

```
欢迎使用除法计算器！
请输入被除数: 10
请输入除数: 0
错误: 除数不能为零。
文件写入成功。
文件内容: Hello, Scala I/O!
```

通过这个示例，读者可以了解如何在 Scala 中处理输入输出，以及如何使用函数式的方式进行错误处理，从而编写更健壮、更易于理解的代码。

2.2.6　高级特性

下面将通过示例讲解泛型、隐式转换、类型类和高阶函数等高级特性，代码如下：

```scala
import scala.language.implicitConversions

// 泛型特质 ( 类型类 )
trait Printable[A] {
  def format(value: A): String
}

// 泛型类
case class Box[A](value: A)

object AdvancedFeaturesExample {
  // 隐式值 ( 类型类实例 )
  implicit val intPrintable: Printable[Int] = new Printable[Int] {
    def format(value: Int): String = s"Int: $value"
  }

  implicit val stringPrintable: Printable[String] = new Printable[String] {
    def format(value: String): String = s"String: $value"
  }

  // 隐式类 ( 用于扩展方法 )
  implicit class PrintableOps[A](value: A) {
    def format(implicit p: Printable[A]): String = p.format(value)
  }

  // 隐式转换
```

```scala
implicit def boxToValue[A](box: Box[A]): A = box.value

// 高阶函数
def twice[A](f: A => A): A => A = x => f(f(x))

// 柯里化
def add(x: Int)(y: Int): Int = x + y

def main(args: Array[String]): Unit = {
  // 使用泛型和隐式值
  println(5.format)                          // 输出：Int: 5
  println("hello".format())                  // 输出：hello

  // 使用泛型类和隐式转换
  val intBox: Box[Int] = Box(10)
  val intValue: Int = intBox                 // 隐式转换
  println(s" 从 Box 中提取的值 : $intValue")   // 输出：从 Box 中提取的值：10

  // 使用高阶函数
  val double: Int => Int = x => x * 2
  val quadruple = twice(double)
  println(s"4 的 4 倍：${quadruple(4)}")      // 输出：4 的 4 倍：16

  // 使用柯里化
  val add5 = add(5)_
  println(s"5 + 3 = ${add5(3)}")             // 输出：5 + 3 = 8

  // 演示类型推断
  val numbers = List(1, 2, 3, 4, 5)
  val doubledNumbers = numbers.map(_ * 2)    // 类型推断
  println(s" 加倍后的数字：$doubledNumbers")   // 输出：加倍后的数字：List(2, 4, 6, 8, 10)

  // 演示偏函数
  val divide: PartialFunction[Int, Int] = {
    case d if d != 0 => 100 / d
  }
  println(s"100 / 4 = ${divide(4)}")                        // 输出：100 / 4 = 25
  println(s" 是否定义了 100 / 0: ${divide.isDefinedAt(0)}")  // 输出：是否定义了 100 / 0：false

  // 演示尾递归优化
```

```
@scala.annotation.tailrec
def factorial(n: Int, acc: BigInt = 1): BigInt = {
  if (n <= 1) acc
  else factorial(n - 1, n * acc)
}
println(s"10 的阶乘:${factorial(10)}")          // 输出：10 的阶乘:3628800
  }
}
```

上述程序演示了高级特性的应用。首先定义了一个泛型特质 Printable 和一个泛型类 Box，并提供了隐式值和隐式转换来简化类型类的使用。然后展示了高阶函数、柯里化、偏函数以及尾递归优化等概念。通过这些特性，程序能够以简洁的方式处理不同类型的数据，并提供丰富的操作和优化。具体包含以下知识点：

(1) 泛型。泛型是一种允许在定义类、接口和方法时使用类型参数的编程技术，使得代码可以独立于具体的数据类型而工作。

① 泛型特质 Printable[A]：这是一个类型参数化的特质，其中 A 是一个类型参数。这个特质定义了一个 format 方法，用于将传入的 value 格式化为字符串。

② 泛型类 Box[A]：这是一个泛型类，可以存储任何类型的值。通过使用类型参数 A，可以创建一个 Box 来存储不同类型的对象。

(2) 隐式转换和隐式类。隐式转换和隐式类是 Scala 中的特性，允许编译器自动应用某些转换或添加方法到现有类型，以增强代码的灵活性和表达能力。

① 隐式值：在 AdvancedFeaturesExample 对象中定义了两个隐式值 intPrintable 和 stringPrintable，它们分别是 Printable[Int] 和 Printable[String] 的实例，提供了 Int 和 String 类型的格式化实现。

② 隐式类 PrintableOps：隐式类允许为现有的类型添加新的方法。在本例中，为所有类型 A 添加了一个 format 方法，前提是存在一个隐式的 Printable[A] 实例。

③ 隐式转换 boxToValue：这个隐式转换允许将 Box[A] 类型的对象转换为它包含的值 A，这在从 intBox 提取 intValue 时被使用。

(3) 类型类。类型类是一种设计模式，允许在不修改原有代码的情况下，为不同类型添加新的行为或接口。在本例中，Printable[A] 充当类型类，为不同的类型提供 format 方法的实现。

(4) 高阶函数。高阶函数是可以接受其他函数作为参数或返回函数的函数，增加了代码的抽象能力和灵活性。在本例中，首先定义了一个 double 函数，将输入值乘以 2。然后使用 twice 高阶函数，它接受一个函数作为参数并返回一个新函数，该新函数会连续两次应用输入的函数。twice(double) 创建了 quadruple 函数，相当于连续两次应用 double，即将输入值乘以 4。最后代码调用 quadruple(4) 并打印结果，展示了 4 的 4 倍是 16。

(5) 柯里化。柯里化是将接受多个参数的函数转换为一系列接受单个参数的函数的技术。在本例中，add 是一个柯里化函数，接受两个参数列表。add(5)_ 创建了一个部分应用函数 add5，其中第一个参数固定为 5。add5(3) 等同于 add(5)(3)，将 3 加到预设的 5 上。最后打印代码结果，显示 5 加 3 等于 8。本例展示了柯里化如何允许灵活地创建和使用部分应用函数。

(6) 类型推断。类型推断是编译器根据上下文自动推断表达式类型的能力，减少了显式类型声明的需要。在本例的 map 操作中使用类型推断，Scala 编译器能够自动推断出 *2 中的匿名函数的参数和返回类型，使得代码更简洁。

(7) 偏函数。偏函数是只对其定义域的一个子集有定义的函数，允许更精确地控制函数的应用条件。在本例中，divide 被定义为一个偏函数，只对非零除数有定义。它使用模式匹配语法，仅当除数不为零时才执行除法。代码展示了对 4 的除法运算，结果为 25。isDefinedAt 方法用于检查函数是否对特定输入（此处是 0）有定义。本例说明了偏函数如何允许精确控制函数的应用条件。

(8) 尾递归优化。尾递归优化是编译器将尾递归函数转换为迭代形式的技术，避免了栈溢出的风险，使递归更加高效。在本例中，factorial 函数计算阶乘，使用尾递归实现。@scala.annotation.tailrec 注解确保编译器进行尾递归优化。函数有两个参数，n 是要计算阶乘的数，acc 是累积器。每次递归调用时，n 减 1，acc 乘以当前的 n。当 n 小于等于 1 时，返回 acc。这种实现避免了栈溢出，可以高效计算大数的阶乘。最后计算并打印 10 的阶乘。

运行程序，输出结果如下：

```
Int: 5
hello
从 Box 中提取的值: 10
4 的 4 倍: 16
5 + 3 = 8
加倍后的数字: List(2, 4, 6, 8, 10)
100 / 4 = 25
是否定义了 100 / 0: false
10 的阶乘: 3628800
```

通过这个示例，读者可以了解 Scala 的高级特性如何协同工作，以及如何在实际编程中运用这些特性来编写更加灵活、简洁和高效的代码。

任务 2.3　实现人事管理系统

2.3.1　人事管理系统需求介绍

本项目主要包含员工信息管理与薪资管理两大模块。

1. 员工信息管理模块

员工信息管理模块提供员工信息管理，支持新增、删除、修改和查询员工基本信息，包括姓名、工号和职位。同时，系统也管理员工的薪资数据，包括基本工资、奖金和扣款等，确保数据的准确性，以支持人力资源决策。

2. 薪资管理模块

薪资管理模块具备智能化的薪资管理，可以根据员工的基本工资、奖金和扣款计算最终的薪资。通过薪资管理模块，可以自动计算薪资，保证薪资计算的准确性、公正性和合规性，有效执行和调整企业薪资政策。

2.3.2 系统架构与技术设计

下面介绍人事管理系统的架构。该系统主要包括员工类 (Employee)、人事管理系统类 (HRSystem) 和主函数 (Main object)3 个核心部分。由于目前尚未具备复杂系统开发的环境，可以直接在一个 Scala 代码文件中实现该系统。整体的系统架构与技术设计如图 2-13 所示。

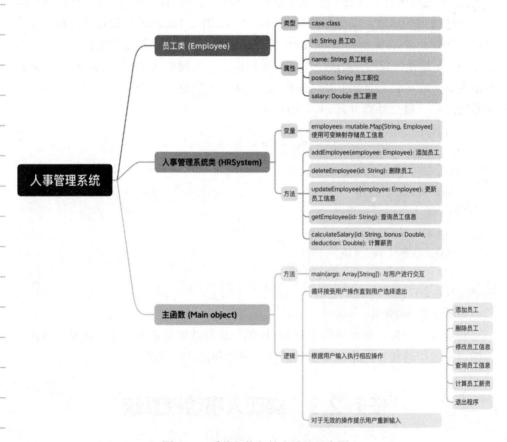

图 2-13　系统架构与技术设计示意图

系统的 3 大核心部分解释如下。

1. 员工类 (Employee)

员工类采用"case class"定义，包含员工 ID(String)、姓名 (String)、职位 (String)

和薪资 (Double)4 个属性。"case class"简化了类的定义，自动实现了 equals、hashCode 等方法，方便后续数据操作。

2. 人事管理系统类 (HRSystem)

人事管理系统类封装了员工信息的增删改查及薪资计算功能。内部维护一个 mutable.Map[String, Employee] 存储员工数据。HRSystem 提供的方法包括：

(1) addEmployee(employee: Employee)：添加员工信息，ID 作为键，避免重复。

(2) deleteEmployee(id: String)：根据 ID 删除员工记录。

(3) updateEmployee(employee: Employee)：更新或新增员工信息。

(4) getEmployee(id: String)：通过 ID 获取员工信息，返回 Option[Employee] 便于空值处理。

(5) calculateSalary(id: String, bonus: Double, deduction: Double)：计算指定员工在奖金和扣款影响下的薪资。

3. 主函数 (Main object)

作为程序入口，主函数通过无限循环与用户交互，展示操作菜单，根据用户输入调用 HRSystem 的相应方法；支持添加、删除、修改、查询员工信息，计算薪资以及退出系统；使用 match 语句处理用户选择，确保输入的有效性，对于无效的操作将会提示用户重新输入，从而提升用户体验。

2.3.3 需求功能实现

在编写项目代码前，需要做好准备工作。首先，在计算机上新建一个 .scala 文件，右键单击想要保存文件的位置，选择"新建"，再选择"文本文档"。然后，将这个文本文档的扩展名从 .txt 改为 .scala，此处将文件命名为"HRSystem.scala"。最后，使用文本编辑器，如 Notepad++、SublimeText 或 Visual Studio Code 等打开此 .scala 文件，后续只需要在此文件中编写代码。

1. 定义员工类

定义一个"case class"，取名为"Employee"，用于表示公司中的个体员工，代码如下：

```
case class Employee(id: String, name: String, position: String, salary: Double)
```

在 Employee 类中，定义了 4 个属性：

id：员工的唯一标识符，用字符串类型表示。

name：员工的姓名，为字符串类型。

position：员工的职位信息，为字符串类型。

salary：员工的基本薪资，采用双精度浮点数类型存储。

2. 创建人事管理系统类

创建一个名为 HRSystem 的类，用于管理所有员工的信息及执行相关操作。这个类内部维护了一个可变映射 (mutable.Map)，键为员工 ID，值为对应的 Employee 对象，代码如下：

```scala
class HRSystem {
  private val employees = mutable.Map[String, Employee]()

  //... 各种方法 ...
}
```

需要注意的是，在 Scala 代码中导入 Scala 标准库中的可变集合模块 mutable，这个模块包含了一些可变的集合类，如此处需要使用的是 Map。具体操作为将以下代码加入到"HRSystem.scala"文件的第一行：

```scala
import scala.collection.mutable
```

在"各种方法"处共有 5 个需要实现的方法：addEmployee(employee: Employee)、deleteEmployee(id: String)、updateEmployee(employee: Employee)、getEmployee(id: String)、calculateSalary(id: String, bonus: Double, deduction: Double)。代码如下：

```scala
// 添加员工
def addEmployee(employee: Employee): Unit = {
  employees(employee.id) = employee
}

// 删除员工
def deleteEmployee(id: String): Unit = {
  employees.remove(id)
}

// 修改员工信息
def updateEmployee(employee: Employee): Unit = {
  employees(employee.id) = employee
}

// 查询员工信息
def getEmployee(id: String): Option[Employee] = {
  employees.get(id)
}

// 计算薪资
def calculateSalary(id: String, bonus: Double, deduction: Double): Option[Double] = {
  employees.get(id).map(e => e.salary + bonus - deduction)
}
```

代码解释如下：

上述代码实现了人事管理系统类 HRSystem 的核心功能，包括添加、删除、更新员工信息，查询员工详情以及计算薪资。它运用 mutable.Map 以员工 ID 为键存储和管理 Employee 对象。在添加和更新操作中，直接通过 ID 设置或更新 Map 内容，但并未处理 ID 冲突或不存在的情况，可能存在数据冗余或找不到记录的风险。查询和计算薪资的方法均返回 Option 类型，旨在应对员工 ID 不存在的情形，同时在处理员工 ID 唯一性和数据完整性方面仍有进一步优化空间，优化操作会在 2.3.5 小节中讲解。

3. 编写主函数

新建一个 Main 对象，在 Main 对象中编写 main 方法，作为程序入口点。该方法通过循环结构持续接收用户输入，根据用户选择执行相应的操作，直至用户选择退出。代码如下：

```scala
object Main {
  def main(args: Array[String]): Unit = {
    //... 与用户交互逻辑 ...
  }
}
```

在 main 方法中，需要实现的逻辑如下：

(1) 初始化一个 HRSystem 实例 hrSystem，用于处理人事管理操作。

(2) 设立一个布尔变量 running，初始值为 true，用于控制循环是否继续。

(3) 在循环内部展示操作菜单供用户选择，如 "1. 添加员工"，"2. 删除员工" 等。

(4) 读取用户输入的整数 (代表所选操作)，并使用 match 语句根据用户选择调用相应的方法。

比如，若用户选择 "1. 添加员工"，则程序会提示用户依次输入员工 ID、姓名、职位和薪资，然后调用 hrSystem.addEmployee() 方法添加新员工。

若用户选择 "6. 退出"，则将 running 设为 false，跳出循环，结束程序。

如果用户输入的数字不在有效选项范围内，则程序会提示 "无效的操作，请重新输入！"，等待用户再次选择。

按照上述逻辑，实现的代码如下：

```scala
val hrSystem = new HRSystem()

var running = true
while (running) {
  println("请输入操作：1. 添加员工 2. 删除员工 3. 修改员工 4. 查询员工 5. 计算薪资 6. 退出")
  val operation = scala.io.StdIn.readInt()
  operation match {
    case 1 =>
      println("请输入员工 ID、姓名、职位和薪资:")
```

```
    val id = scala.io.StdIn.readLine()
    val name = scala.io.StdIn.readLine()
    val position = scala.io.StdIn.readLine()
    val salary = scala.io.StdIn.readDouble()
    hrSystem.addEmployee(Employee(id, name, position, salary))
  case 2 =>
    println("请输入员工ID:")
    val id = scala.io.StdIn.readLine()
    hrSystem.deleteEmployee(id)
  case 3 =>
    println("请输入员工ID、姓名、职位和薪资:")
    val id = scala.io.StdIn.readLine()
    val name = scala.io.StdIn.readLine()
    val position = scala.io.StdIn.readLine()
    val salary = scala.io.StdIn.readDouble()
    hrSystem.updateEmployee(Employee(id, name, position, salary))
  case 4 =>
    println("请输入员工ID:")
    val id = scala.io.StdIn.readLine()
    val employee = hrSystem.getEmployee(id)
    println(s"员工信息：$employee")
  case 5 =>
    println("请输入员工ID、奖金和扣款:")
    val id = scala.io.StdIn.readLine()
    val bonus = scala.io.StdIn.readDouble()
    val deduction = scala.io.StdIn.readDouble()
    val salary = hrSystem.calculateSalary(id, bonus, deduction)
    println(s"计算后的薪资：$salary")
  case 6 =>
    running = false
  case _ =>
    println("无效的操作，请重新输入!")
  }
}
```

需要特别注意的是，上述代码需要编写在 main 方法中。

2.3.4 编译与运行

1. 编译代码

首先打开命令提示符或终端，进入到".scala"文件所在的目录。然后运行以下命令来编译 Scala 代码：

scalac HRSystem.scala

如无错误，可以发现当前目录下有 Employee$.class、Employee.class、HRSystem.class、Main$.class、Main.class、HRSystem.scala 共 6 个文件，其中除了 HRSystem.scala，其他 5 个均为编译后新生成的".class"文件。

2. 运行代码

此时可以运行程序，命令如下：

scala Main

显示内容为：

请输入操作：1. 添加员工 2. 删除员工 3. 修改员工 4. 查询员工 5. 计算薪资 6. 退出

使用键盘输入"1"，表示进行"添加员工"操作，按回车键后依次输入员工 ID、姓名、职位和薪资即可。此处添加两名员工，操作结果如下：

请输入员工 ID、姓名、职位和薪资：
1
zhangsan
singer
50000
请输入操作：1. 添加员工 2. 删除员工 3. 修改员工 4. 查询员工 5. 计算薪资 6. 退出
1
请输入员工 ID、姓名、职位和薪资：
2
lisi
teacher
18000

成功添加两名员工后，此时可以输入"4"，表示进行"查询员工"操作，再输入员工 ID，表示查询哪位员工的信息。操作结果如下：

请输入操作：1. 添加员工 2. 删除员工 3. 修改员工 4. 查询员工 5. 计算薪资 6. 退出
4
请输入员工 ID：
2
员工信息：Some(Employee(2,lisi,teacher,18000.0))

可以发现，已经将员工 ID 为 2 的信息查询出来，此员工为 lisi，职业是老师，薪资是 18 000 元。

接下来进行修改操作，操作方法与添加、删除类似，先选择操作类型，再根据提示信息输入内容即可，操作结果如下：

请输入操作：1. 添加员工 2. 删除员工 3. 修改员工 4. 查询员工 5. 计算薪资 6. 退出
3
请输入员工 ID、姓名、职位和薪资：

```
2
lisi
dancer
18000
```

修改操作后，可以重新查询修改的员工信息，操作结果如下：

```
请输入操作：1.添加员工 2.删除员工 3.修改员工 4.查询员工 5.计算薪资 6.退出
4
请输入员工ID：
2
员工信息：Some(Employee(2,lisi,dancer,18000.0))
```

可以发现，员工 lisi 的职业原本是 teacher，现在已经更改为 dancer。

然后，可以验证计算薪资功能，此时按要求输入员工 ID、奖金和扣款即可。操作结果如下：

```
请输入操作：1.添加员工 2.删除员工 3.修改员工 4.查询员工 5.计算薪资 6.退出
5
请输入员工ID、奖金和扣款：
2
10000
500
计算后的薪资：Some(27500.0)
```

员工 ID 为 2 的员工为 lisi，其工资为 18 000，现在奖金为 10 000，扣款为 500，那么当月的薪资应该为 18 000 + 10 000 - 500 = 27 500，可知计算薪资功能也无误。

最后，验证删除员工功能。思路为先删除 ID 为 2 的员工，删除结束之后再查询 ID 为 2 的员工，看是否该员工还在。操作结果如下：

```
请输入操作：1.添加员工 2.删除员工 3.修改员工 4.查询员工 5.计算薪资 6.退出
2
请输入员工ID：
2
请输入操作：1.添加员工 2.删除员工 3.修改员工 4.查询员工 5.计算薪资 6.退出
4
请输入员工ID：
2
员工信息：None
```

删除 ID 为 2 的员工后，再查询此员工信息时，提示信息显示"None"，表示已经没有该员工的信息了，表示删除员工成功。

至此，人事管理系统的基本功能都实现了，但目前系统仍有一些可以优化的地方。

2.3.5 代码优化

经过对系统的简单使用，总结出可以从 3 方面进行优化：防止数据冲突与冗余、提升用户体验与程序反馈清晰度和增强数据输入有效性与程序健壮性。

1. 防止数据冲突与冗余

在添加或更新员工信息时，若不检查 ID 是否存在并询问用户是否覆盖，可能导致同一 ID 对应多条数据（更新时）或重复记录（添加时）。通过提示并确认，可确保数据的一致性，避免信息混乱。修改后的代码如下：

```scala
// 添加员工
def addEmployee(employee: Employee): Unit = {
  if (employees.contains(employee.id)) {
    // 这里可以询问用户是否要更新
    println(s"员工 ID 为 ${employee.id} 的员工已存在,是否要更新?")
  } else {
    employees(employee.id) = employee
  }
}

// 修改员工信息
def updateEmployee(employee: Employee): Unit = {
  if (!employees.contains(employee.id)) {
    println(s"员工 ID 为 ${employee.id} 的员工不存在.")
  } else {
    employees(employee.id) = employee
  }
}
```

修改后，在添加员工和更新员工信息时，如果 ID 已经存在，可以提示用户该 ID 已经存在，是否要覆盖。此处简单进行提示，并不实现具体逻辑，感兴趣的读者可以自行实现。

需要说明的是，只需要修改 addEmployee 与 updateEmployee 方法体的内容即可。需要做出修改的代码已加粗显示。

2. 提升用户体验与程序反馈清晰度

当查询或计算薪资涉及的员工 ID 不存在时，直接返回"None"对用户而言可能难以理解。提供明确的错误信息，如"员工 ID 未找到"，有助于用户快速识别问题所在，提高系统易用性及交互友好度。修改后的代码如下：

```scala
// 查询员工信息
def getEmployee(id: String): Either[String, Employee] = {
```

```
    employees.get(id) match {
      case Some(employee) => Right(employee)
      case None => Left(s" 员工 ID 为 $id 的员工不存在 .")
    }
  }

  // 计算薪资
  def calculateSalary(id: String, bonus: Double, deduction: Double): Either[String, Double] = {
    employees.get(id) match {
      case Some(employee) => Right(employee.salary + bonus - deduction)
      case None => Left(s" 员工 ID 为 $id 的员工不存在 .")
    }
  }
}
```

修改后,在查询员工信息和计算薪资时,如果员工不存在,则可以返回一个错误信息,而不是"None"。

需要说明的是,除了方法体,方法的返回类型也要进行相应的修改。

3. 增强数据输入有效性与程序健壮性

在主函数中进行输入验证,如检查数值合法性,能及时拦截不符合预期的用户输入,避免因非法数据引发程序异常或逻辑错误。此方法强化了系统的自我保护机制,保证其在面对各类输入情况时仍能稳定运行。修改后的代码如下:

```
// 主函数,与用户交互
object Main {
  def main(args: Array[String]): Unit = {
    val hrSystem = new HRSystem()

    var running = true
    while (running) {
      println("请输入操作 : 1. 添加员工 2. 删除员工 3. 修改员工 4. 查询员工 5. 计算薪资 6. 退出 ")
      val operation = scala.io.StdIn.readInt()
      operation match {
        case 1 =>
          println("请输入员工 ID、姓名、职位和薪资:")
          val id = scala.io.StdIn.readLine()
          val name = scala.io.StdIn.readLine()
          val position = scala.io.StdIn.readLine()
          val salary = scala.io.StdIn.readDouble()
          if (salary < 0) {
            println("薪资必须是非负数.")
```

```scala
      } else {
        hrSystem.addEmployee(Employee(id, name, position, salary))
      }
    case 2 =>
      println("请输入员工ID:")
      val id = scala.io.StdIn.readLine()
      hrSystem.deleteEmployee(id)
    case 3 =>
      println("请输入员工ID、姓名、职位和薪资:")
      val id = scala.io.StdIn.readLine()
      val name = scala.io.StdIn.readLine()
      val position = scala.io.StdIn.readLine()
      val salary = scala.io.StdIn.readDouble()
      if (salary < 0) {
        println("薪资必须是非负数.")
      } else {
        hrSystem.updateEmployee(Employee(id, name, position, salary))
      }
    case 4 =>
      println("请输入员工ID:")
      val id = scala.io.StdIn.readLine()
      hrSystem.getEmployee(id) match {
        case Right(employee) => println(s"员工信息: $employee")
        case Left(error) => println(error)
      }
    case 5 =>
      println("请输入员工ID、奖金和扣款:")
      val id = scala.io.StdIn.readLine()
      val bonus = scala.io.StdIn.readDouble()
      val deduction = scala.io.StdIn.readDouble()
      hrSystem.calculateSalary(id, bonus, deduction) match {
        case Right(salary) => println(s"计算后的薪资: $salary")
        case Left(error) => println(error)
      }
    case 6 =>
      running = false
    case _ =>
      println("无效的操作,请重新输入!")
  }
}
```

```
    }
}
```

在主函数中，可以增加一些输入验证，比如薪资必须是非负数，检查输入的数值是否合法。

优化后的完整代码如下：

```scala
import scala.collection.mutable

// 定义员工类
case class Employee(id: String, name: String, position: String, salary: Double)

// 定义人事管理系统类
class HRSystem {
  private val employees = mutable.Map[String, Employee]()

  // 添加员工
  def addEmployee(employee: Employee): Unit = {
    if (employees.contains(employee.id)) {
      // 这里可以询问用户是否要更新
      println(s"员工 ID 为 ${employee.id} 的员工已存在, 是否要更新?")
    } else {
      employees(employee.id) = employee
    }
  }

  // 删除员工
  def deleteEmployee(id: String): Unit = {
    employees.remove(id)
  }

  // 修改员工信息
  def updateEmployee(employee: Employee): Unit = {
    if (!employees.contains(employee.id)) {
      println(s"员工 ID 为 ${employee.id} 的员工不存在.")
    } else {
      employees(employee.id) = employee
    }
  }

  // 查询员工信息
```

```scala
  def getEmployee(id: String): Either[String, Employee] = {
    employees.get(id) match {
      case Some(employee) => Right(employee)
      case None => Left(s"员工 ID 为 $id 的员工不存在.")
    }
  }

  // 计算薪资
  def calculateSalary(id: String, bonus: Double, deduction: Double): Either[String, Double] = {
    employees.get(id) match {
      case Some(employee) => Right(employee.salary + bonus - deduction)
      case None => Left(s"员工 ID 为 $id 的员工不存在.")
    }
  }
}

// 主函数，与用户交互
object Main {
  def main(args: Array[String]): Unit = {
    val hrSystem = new HRSystem()

    var running = true
    while (running) {
      println("请输入操作: 1. 添加员工 2. 删除员工 3. 修改员工 4. 查询员工 5. 计算薪资 6. 退出")
      val operation = scala.io.StdIn.readInt()
      operation match {
        case 1 =>
          println("请输入员工 ID、姓名、职位和薪资:")
          val id = scala.io.StdIn.readLine()
          val name = scala.io.StdIn.readLine()
          val position = scala.io.StdIn.readLine()
          val salary = scala.io.StdIn.readDouble()
          if (salary < 0) {
            println("薪资必须是非负数.")
          } else {
            hrSystem.addEmployee(Employee(id, name, position, salary))
          }
        case 2 =>
          println("请输入员工 ID:")
```

```
        val id = scala.io.StdIn.readLine()
        hrSystem.deleteEmployee(id)
      case 3 =>
        println("请输入员工 ID、姓名、职位和薪资:")
        val id = scala.io.StdIn.readLine()
        val name = scala.io.StdIn.readLine()
        val position = scala.io.StdIn.readLine()
        val salary = scala.io.StdIn.readDouble()
        if (salary < 0) {
          println("薪资必须是非负数.")
        } else {
          hrSystem.updateEmployee(Employee(id, name, position, salary))
        }
      case 4 =>
        println("请输入员工 ID:")
        val id = scala.io.StdIn.readLine()
        hrSystem.getEmployee(id) match {
          case Right(employee) => println(s"员工信息 : $employee")
          case Left(error) => println(error)
        }
      case 5 =>
        println("请输入员工 ID、奖金和扣款:")
        val id = scala.io.StdIn.readLine()
        val bonus = scala.io.StdIn.readDouble()
        val deduction = scala.io.StdIn.readDouble()
        hrSystem.calculateSalary(id, bonus, deduction) match {
          case Right(salary) => println(s"计算后的薪资: $salary")
          case Left(error) => println(error)
        }
      case 6 =>
        running = false
      case _ =>
        println("无效的操作，请重新输入!")
    }
  }
 }
}
```

至此，已经实现了一个基于 Scala 语言的简单人事管理系统，该系统能够有效帮助用户进行员工信息的管理和薪资计算，且具备良好的扩展性，读者可根据实际需求进一步增加更多功能。

 创新学习

本部分内容以二维码的形式呈现，可扫码学习。

 能力测试

1.（多选题）Scala 的特点有（　　）。
A. 面向对象　　　　　　　　　B. 函数式编程
C. 静态类型　　　　　　　　　D. 扩展性
E. 兼容性

2.（单选题）关于 Scala 的基础语法，以下说法错误的是（　　）。
A. 在 Scala 中，import 语句用于将类、接口、对象或方法从其他包引入到当前代码文件中
B. 在 Scala 中，可以使用 var 和 val 来声明变量
C. 在 Scala 中，可以使用 s 插值器（s"..."）和 f 插值器（f"..."）这两种插值器
D. 在 Scala 中，不可以创建对象

3.（单选题）关于 Scala 的相关语法，以下说法错误的是（　　）。
A. 泛型是一种允许在定义类、接口和方法时使用类型参数的编程技术，使得代码可以独立于具体的数据类型而工作
B. 隐式转换和隐式类是 Scala 中的特性，允许编译器自动应用某些转换或添加方法到现有类型，以增强代码的灵活性和表达能力
C. 类型类是一种设计模式，允许在不修改原有代码的情况下为不同类型添加新的行为或接口
D. 高阶函数不可以接受其他函数作为参数

4.（判断题）想要使用 Scala，需要先安装好 JDK。（　　）

5.（判断题）柯里化是将接受多个参数的函数转换为一系列接受单个参数的函数的技术。（　　）

6. 简述在 Scala 中 Option 与 Either 的区别。

7. 列举运行 Scala 代码的 4 种方式并说明适用场景。

8. 简述在人事管理系统中考虑了哪些代码优化操作。

项目三　电商用户行为数据分析

 项目导入

在项目二中，学习了 Scala 语言的相关知识，具备了一定的基础，接下来将学习 Spark 的核心概念——RDD。学习 RDD 有利于理解 Spark 的基本数据结构，并掌握分布式数据计算的基本原理。本项目将探讨 RDD 的相关知识，包括它的概念、特点和操作方法等，最终逐步实现电商用户行为分析。

 知识目标

- 了解 RDD 的概念和特点。
- 理解 RDD 操作的分类。
- 掌握 Spark Shell 环境的使用。
- 熟悉常用的 RDD 转换和行动操作。

能力目标

- 能够在 Spark Shell 环境中进行实践操作。
- 能够使用 RDD 对数据进行预处理。
- 能够使用 RDD 对数据进行统计与需求功能实现。

素质目标

- 遵循职业操守，在进行数据分析时，不捏造或篡改数据。
- 在数字经济时代，学会融会贯通，培养创新和实践能力。

 项目导学

在当今数字化时代，用户行为分析已成为企业获取关键洞察力的重要手段。用户行为分析是指通过收集、分析和解释用户在特定平台或应用中的行为数据，以了解用户的偏好、需求和行为模式，从而优化产品设计、改进营销策略和提供个性化体验。这种分析可以应用于各种场景，如电子商务、社交媒体、移动应用等。用户行为分析的目的是帮助企业更好地了解用户，优化产品和服务。通过深入理解用户行为，企业可以洞察用户的购买动机、喜好和行为模式，从而制定更准确的市场策略和个性化推荐。此外，用户行为分析还可以发现潜在的用户需求，改进产品设计和提供更好的用户体验，从而增强用户忠诚度和提高收入。其中，电商用户行为数据分析是应用较为广泛的一个方面。

任务 3.1　认识 RDD

3.1.1　RDD 的概念

RDD 是 Spark 中最基本的数据结构之一，主要包括 3 方面内容。

(1) Resilient(弹性的)：包括存储和计算两个方面。在存储方面，RDD 中的数据可以保存在内存中，当内存不足时也可以保存在磁盘上；在计算方面，RDD 具有自动容错的特点，当运算过程中出现异常导致 Partition 数据丢失或运算失败时，可以根据 Lineage(血统) 关系对数据进行重建。

(2) Distributed(分布式的)：包括存储和计算两个方面。RDD 的数据元素是分布式存储的，同时其运算方式也是分布式的。

(3) Dataset(数据集)：RDD 本质上是一个存放元素的分布式数据集合。

其实，可以简单地把 RDD 理解成一个提供了很多操作接口的数据集合，它往往分布于多个节点上，可以在多个节点上进行并行计算，充分利用集群资源，提高计算效率。

3.1.2　RDD 的特点

RDD 的特点可以总结为以下 6 个方面：

(1) 分布式计算：RDD 可以在集群中的多个节点上进行分区和并行计算，利用集群的计算资源进行高效的数据处理。例如，可以将一个大型的数据集分成多个分区，每个分区在不同的节点上并行处理。

(2) 容错性：RDD 通过记录转换操作的血统信息，可以在节点发生故障时重新计算丢失的部分，保证计算结果的可靠性。例如，如果一个节点在处理数据时发生故障，Spark 可以使用血统信息重新计算丢失的分区，从而保证数据的完整性。

(3) 数据可读性：RDD 提供了高级的数据操作接口，如 map、filter、reduce 等，使得数据的处理更加灵活和高效。例如，可以使用 map 操作将一个数据集中的所有元素乘以 2。

(4) 内存计算：RDD 可以将数据缓存在内存中，通过内存计算来加速数据的处理，大幅提升计算性能。例如，可以将一个经常被访问的数据集缓存在内存中，以便快速访问。

(5) 优化执行计划：Spark 可以通过优化执行计划来减少数据的传输和计算开销，提高作业执行效率。例如，可以将多个并行操作之间重用工作数据集，以减少数据传输。

(6) 支持多种数据源：RDD 可以从多种数据源中读取数据，如 HDFS、本地文件系统、数据库等，方便灵活地处理不同类型的数据。

RDD 具有分布式计算、容错性、数据可读性、内存计算、优化执行计划和支持多种数据源等特点，可以促使大数据处理更加高效和灵活。

3.1.3 RDD 操作的分类

RDD 操作指的是在 Spark 中对 RDD 进行操作。使用 Spark 高效地处理大规模数据离不开 RDD 操作。RDD 操作主要分为两类：转换操作 (Transformation) 和行动操作 (Action)。

1. 转换操作

对 RDD 进行转换并生成新的 RDD，而不改变原有的 RDD。转换操作是惰性求值的，即在调用转换操作时，并不会立即执行计算，而是记录下转换操作的逻辑，并在执行行动操作时才进行实际计算。转换操作返回的是一个新的 RDD，可以进行链式调用。

2. 行动操作

对 RDD 执行计算并返回结果。行动操作会触发 RDD 的计算过程，从而产生实际的结果或副作用。行动操作会立即执行，返回一个具体的结果，而不是一个新的 RDD。

常用的转换操作与行动操作如表 3-1、表 3-2 所示。

表 3-1 常用的转换操作

转 换	含 义
map(func)	返回一个新的 RDD，该 RDD 由每一个输入元素经过 func 函数转换后组成
filter(func)	返回一个新的 RDD，该 RDD 由经过 func 函数计算后返回值为 true 的输入元素组成
flatMap(func)	类似于 map，但是每一个输入元素可以被映射为 0 或多个输出元素 (func 应该返回一个序列，而不是单一元素)
mapPartitions(func)	类似于 map，但独立地在 RDD 的每一个分片上运行，因此在类型为 T 的 RDD 上运行时，func 的函数类型必须是 Iterator[T] => Iterator[U]
mapPartitionsWithIndex(func)	类似于 mapPartitions，但 func 带有一个整数参数，表示分片的索引值，因此在类型为 T 的 RDD 上运行时，func 的函数类型必须是 (Int, Iterator[T]) => Iterator[U]
union(otherDataset)	对源 RDD 和参数 RDD 求并集后返回一个新的 RDD
intersection(otherDataset)	对源 RDD 和参数 RDD 求交集后返回一个新的 RDD

续表

转 换	含 义
distinct([numTasks]))	对源 RDD 进行去重后返回一个新的 RDD
groupByKey([numTasks])	在一个 (K,V) 的 RDD 上调用，返回一个 (K, Iterator[V]) 的 RDD
reduceByKey(func, [numTasks])	在一个 (K,V) 的 RDD 上调用，返回一个 (K,V) 的 RDD，使用指定的 reduce 函数，将相同 Key 的值聚合到一起，与 groupByKey 类似，reduce 任务的个数可以通过第二个可选的参数来设置
sortByKey([ascending], [numTasks])	在一个 (K,V) 的 RDD 上调用，K 必须实现 Ordered 接口，返回一个按照 Key 进行排序的 (K,V) 的 RDD
sortBy(func,[ascending], [numTasks])	与 sortByKey 类似，但是更灵活
join(otherDataset, [numTasks])	在类型为 (K,V) 和 (K,W) 的 RDD 上调用，返回一个相同 Key 对应的所有元素对在一起的 (K,(V,W)) 的 RDD
cogroup(otherDataset, [numTasks])	在类型为 (K,V) 和 (K,W) 的 RDD 上调用，返回一个 (K,(Iterable<V>, Iterable<W>)) 类型的 RDD
coalesce(numPartitions)	减少 RDD 的分区数到指定值
repartition(numPartitions)	重新给 RDD 分区
repartitionAndSortWithinPartitions(partitioner)	重新给 RDD 分区，并且每个分区内以记录的 Key 排序

表 3-2 常用的行动操作

动 作	含 义
reduce(func)	reduce 将 RDD 中的前两个元素传给输入函数，产生一个新的 return 值，新产生的 return 值与 RDD 中的下一个元素 (第三个元素) 组成两个元素，再被传给输入函数，直到最后只有一个值为止
collect()	在驱动程序中，以数组的形式返回数据集的所有元素
count()	返回 RDD 的元素个数
first()	返回 RDD 的第一个元素 (类似于 take 函数)
take(n)	返回一个由数据集的前 n 个元素组成的数组
takeOrdered(n, [ordering])	返回自然顺序或者自定义顺序的前 n 个元素
saveAsTextFile(path)	将数据集的元素以 textfile 的形式保存到 HDFS 文件系统或者其他支持的文件系统，对于每个元素，Spark 将会调用 toString 方法，将它转换为文件中的文本
saveAsSequenceFile(path)	将数据集中的元素以 Hadoop sequencefile 的格式保存到指定的目录下，可以是 HDFS 或者其他 Hadoop 支持的文件系统

续表

动作	含义
saveAsObjectFile(path)	将数据集的元素以 Java 序列化的方式保存到指定的目录下
countByKey()	针对 (K,V) 类型的 RDD，返回一个 (K,Int) 的 map，表示每一个 Key 对应的元素个数
countByValue()	针对 RDD 中的元素，返回一个 (元素, 计数) 的 map，表示每一个元素在 RDD 中出现的次数
foreach(func)	在数据集的每一个元素上运行函数 func
foreachPartition(func)	在数据集的每一个分区上运行函数 func

任务 3.2 RDD 操作实践

3.2.1 Spark Shell 环境实操

1. Spark Shell 介绍

Spark Shell 是一个交互式编程环境，可以帮助人们更好地理解 Spark 程序开发。使用 Spark Shell 时，可以输入一条语句并立即执行它，而不必等到整个程序运行完毕。这种交互式编程环境称为 REPL(Read-Eval-Print Loop，交互式解释器)，它可以即时查看中间结果并对程序进行修改，因此 Spark Shell 也常用于测试场景。

Spark Shell 支持 Scala、Python 和 R 语言。不同语言与对应的命令如表 3-3 所示。

表 3-3 进入 Spark Shell 环境命令

语言	命令
Scala	spark-shell
Python	pyspark
R	sparkR

与其他 Shell 工具不同，Spark Shell 可以和存储在很多机器上的数据交互，而且 Spark 会自动把处理任务分发给这些机器，不需要用户参与。

2. 进入与退出 Spark Shell 环境

若要进入 Spark Shell 环境，则直接进入 Spark 的安装路径，然后执行 bin 目录下对应语言的命令即可。此处以 Scala 语言为例，执行以下命令：

```
./bin/spark-shell
```

这将启动 Spark Shell，并提供了一个"scala>"提示，以便在 Scala 语言中与 Spark 进行交互。运行效果如下：

```
Welcome to
      ____              __
     / __/__  ___ _____/ /__
    _\ \/ _ \/ _ `/ __/  '_/
   /___/ .__/\_,_/_/ /_/\_\   version 3.4.0
      /_/

Type in expressions to have them evaluated.
Type :help for more information.
Spark context Web UI available at http://192.168.1.230:4040
Spark context available as 'sc' (master = local[*], app id = local-1698918022682).
Spark session available as 'spark'.

scala>
```

spark-shell 本质上也是一个 Driver，执行 spark-shell 命令后，会默认创建以下两个对象：

(1) sc：这是 SparkContext 类的实例。它是与 Spark 集群通信的主要入口点，可以使用 sc 对象创建 RDD、广播变量、累加器，以及执行各种操作和转换。

(2) spark：这是 SparkSession 类的实例。SparkSession 是 Spark 功能的入口点，可以使用 SparkSession 对象创建 DataFrame 或 RDD。

这些对象是自动创建的，并可以直接在 spark-shell 中使用。

若要退出 Spark Shell，可以在"scala>"提示符下键入":exit"，或者直接按快捷键"Ctrl + D"或"Ctrl + Z"退出。

3. Spark Shell 参数介绍

在执行 spark-shell 时，可以加上参数 --help，这样会显示一些帮助信息和选项。例如，执行以下命令：

```
./bin/spark-shell --help
```

输出效果如图 3-1 所示。

以下是一些关键的内容和选项解释：

(1) Usage：显示使用方法的简要说明，通常包括命令的基本格式和可用选项。

(2) Options：

① --master <MASTER_URL>：指定 Spark 集群的主节点 URL，可以是以下几种形式之一。

"local"：在本地运行 Spark，使用单个线程，在本机执行一些测试代码时可使用该模式。

"local[N]"：在本地运行 Spark，使用 N 个线程。

"local[*]"：默认为此方式。在本地运行 Spark，使用所有可用的线程。

"spark://HOST:PORT"：连接到指定的 Spark 主节点。

"mesos://HOST:PORT"：连接到指定的 Mesos 主节点。

"yarn"：连接到 YARN 集群。

"k8s://https://HOST:PORT"：连接到 K8S 集群。

```
Usage: ./bin/spark-shell [options]

Scala REPL options:
  -I <file>                   preload <file>, enforcing line-by-line interpretation

Options:
  --master MASTER_URL         spark://host:port, mesos://host:port, yarn,
                              k8s://https://host:port, or local (Default: local[*]).
  --deploy-mode DEPLOY_MODE   Whether to launch the driver program locally ("client") or
                              on one of the worker machines inside the cluster ("cluster")
                              (Default: client).
  --class CLASS_NAME          Your application's main class (for Java / Scala apps).
  --name NAME                 A name of your application.
  --jars JARS                 Comma-separated list of jars to include on the driver
                              and executor classpaths.
  --packages                  Comma-separated list of maven coordinates of jars to include
                              on the driver and executor classpaths. Will search the local
                              maven repo, then maven central and any additional remote
                              repositories given by --repositories. The format for the
                              coordinates should be groupId:artifactId:version.
```

图 3-1　查看帮助信息和选项

② --deploy-mode <DEPLOY_MODE>：指定应用程序的部署模式，可以是以下两种形式之一。

"client"：默认为此方式。在客户端模式下运行应用程序。

"cluster"：在集群模式下运行应用程序。

③ --class <CLASS_NAME>：指定要运行的主类。

④ --name <APP_NAME>：指定应用程序的名称。

⑤ --jars <JARS>：指定要包含在运行时类路径中的 JAR 文件路径，多个 JAR 文件可以用逗号分隔。

⑥ --py-files <PY_FILES>：指定要包含在 Python 运行时环境中的辅助文件路径，多个文件可以用逗号分隔。

⑦ --conf <PROP=VALUE>：设置 Spark 配置属性。例如，--conf spark.executor.memory=4g 表示设置执行程序的内存为 4 GB。

⑧ --properties-file <FILE>：从指定的属性文件中读取配置属性。

⑨ --driver-memory <MEM>：指定驱动程序使用的内存量，默认是 1024 MB。

⑩ --executor-memory <MEM>：指定 executor 使用的内存量，默认是 1 GB。

⑪ --total-executor-cores <NUM>：指定集群中 executor 的总核心数。

⑫ --executor-cores <NUM>：指定每个 executor 使用的核心数。

⑬ --num-executors<NUM>：指定要启动的 executor 数量。

4. Spark Shell 示例

进入 Spark 的安装路径，执行以下命令：

./bin/spark-shell --master spark://master:7077

以 Standalone 集群方式运行，参数值 spark://master:7077 中的 master 表示 Spark 的主节点。打开浏览器，输入 http://master:8080/(master 为 Spark 集群主节点名，如没有配置域名映射，则需要使用主节点的 IP 代替 master)，按回车键访问后可以看到 Spark 集群启动了一个名为"Spark shell"的程序，如图 3-2 所示。

Running Applications (1)

Application ID	Name	Cores	Memory per Executor
app-20231103095402-0000 (kill)	Spark shell	10	1024.0 MiB

图 3-2　查看 Spark shell 程序运行情况

需要注意的是，以此种方式运行需要先启动 Spark 集群。其实，如果只是测试或者学习，可以不加参数，则无须启动 Spark 集群。

3.2.2　创建 RDD 的方式

下面学习创建 RDD 的方式，可以直接使用以下命令进入 Spark Shell 环境进行操作：

```
./bin/spark-shell
```

在 Spark 中可以通过以下 4 种方式来创建 RDD。

(1) 由序列或列表创建 RDD，使用 parallelize 方法，例如：

① 序列，代码如下：

```
val rdd1 = sc.parallelize(Seq(("Java", 1), ("Python", 2), ("Scala", 3)))
rdd1.foreach(println)
```

执行代码后，输出结果为：

```
(Java,1)
(Scala,3)
(Python,2)
```

② 列表，代码如下：

```
val rdd2 = sc.parallelize(List(1, 2, 3, 4))
rdd2.foreach(println)
```

执行代码后，输出结果为：

```
1
2
4
3
```

可以直接输入对象名，按回车键后可以查看对象的类型，比如输入 rdd1，显示效果如下：

```
scala> rdd1
val res3: org.apache.spark.rdd.RDD[(String, Int)] = ParallelCollectionRDD[0] at parallelize at <console>:1
```

由 org.apache.spark.rdd.RDD[(String, Int)] 可以看出 rdd1 是一个 RDD。

(2) 从文件系统中读取数据创建 RDD，例如：

① 本地文件系统，代码如下：

```
val rdd3 = sc.textFile("file:///opt/software/spark/README.md")
```

此处将本地系统 /opt/software/spark 路径下的 README.md 文件生成 RDD，使用的是 textFile 方法，参数需以"file://"开头，后面加上具体的路径。

需要说明的是，/opt/software/spark 指 Spark 的安装路径，其路径下有 README.md 文件，如果路径不同，则需要进行相应修改。

查看前 3 行数据，代码如下：

```
rdd3.take(3)
```

输出结果为：

```
val res4: Array[String] = Array(# Apache Spark, "", Spark is a unified analytics engine for large-scale data processing. It provides)
```

② HDFS 分布式文件系统，代码如下：

```
val rdd4 = sc.textFile("hdfs://master:8020/word.txt")
```

与本地文件系统类似，只需要将 HDFS 上的文件路径作为参数传递给 textFile 方法即可。

需要说明的是，如果路径不同，则需要进行相应修改。

(3) 由已有的 RDD 进行操作创建新的 RDD，如使用 map、filter 等转换操作。例如：

```
val rdd5 = rdd2.map(x => 2*x)
rdd5.foreach(println)
```

输出结果为：

```
2
8
4
6
```

可以发现，经过 map 转换操作后，新生成了一个为 rdd5 的 RDD。map 操作对 rdd2 中的每个元素都乘以 2。

(4) 由已有的 DataFrame 或 DataSet 生成新的 RDD。只需要调用这些数据类型的 rdd 属性即可生成 RDD，操作方式为直接在后面加上".rdd"。例如：

```
val rdd6 = spark.range(5).toDF().rdd
rdd6.foreach(println)
```

输出结果为：

```
[4]
[3]
[1]
[0]
[2]
```

spark.range(5) 返回的类型为 DataSet，toDF() 可以将 DataSet 转为 DataFrame

类型，DataSet 和 DataFrame 都可以直接调用其 rdd 属性。

以上是创建 RDD 的 4 种常用方式，除了第一种使用较少外，其余 3 种均须理解并掌握。

3.2.3 常用转换操作实践

在本小节中，将进行 Spark RDD 的转换操作实践，包括 map、filter、flatMap 等，以及如何使用它们对数据进行转换和处理。

常用的转换操作如下。

1. map(func)

代码示例如下：

```
val rdd1 = sc.parallelize(List(5, 6, 4, 7, 3, 8, 2, 9, 1, 10))
val rdd2 = rdd1.map(_ * 2)
rdd2.collect()
```

输出结果为：

```
res1: Array[Int] = Array(10, 12, 8, 14, 6, 16, 4, 18, 2, 20)
```

解释：map(func) 操作将 rdd1 中的每个元素乘以 2，生成了一个新的 RDD rdd2。输出结果是 rdd2 中的所有元素。

2. filter(func)

代码示例如下：

```
val rdd3 = rdd2.filter(_ >= 5)
rdd3.collect()
```

输出结果为：

```
res2: Array[Int] = Array(10, 12, 8, 14, 6, 16, 18, 20)
```

解释：filter(func) 操作从 rdd2 中筛选出大于等于 5 的元素，生成了一个新的 RDD rdd3。输出结果是 rdd3 中的所有元素。

3. flatMap(func)

代码示例如下：

```
val rdd1 = sc.parallelize(List("Hello World", "Spark is awesome"))
val rdd4 = rdd1.flatMap(_.split(" "))
rdd4.collect()
```

输出结果为：

```
res3: Array[String] = Array(Hello, World, Spark, is, awesome)
```

解释：flatMap(func) 操作将 rdd1 中的每个元素按空格拆分成多个单词，并生成一个包含所有单词的新 RDD rdd4。输出结果是 rdd4 中的所有元素。

4. union(otherDataset)

代码示例如下：

```
val rdd1 = sc.parallelize(List(1, 2, 3))
val rdd2 = sc.parallelize(List(4, 5, 6))
val rdd5 = rdd1.union(rdd2)
rdd5.collect()
```

输出结果为：

res4: Array[Int] = Array(1, 2, 3, 4, 5, 6)

解释：union(otherDataset) 操作将 rdd1 和 rdd2 两个 RDD 进行合并，并生成一个包含所有元素的新 RDD rdd5。输出结果是 rdd5 中的所有元素。

5. groupByKey([numTasks])

代码示例如下：

```
val rdd1 = sc.parallelize(List(("apple", 1), ("banana", 2), ("apple", 3)))
val rdd6 = rdd1.groupByKey()
rdd6.collect()
```

输出结果为：

res5: Array[(String, Iterable[Int])] = Array((banana,CompactBuffer(2)), (apple,CompactBuffer(1, 3)))

解释：groupByKey([numTasks]) 操作将 rdd1 中的元素按键进行分组，并生成一个包含每个键及其对应值的迭代器的新 RDD rdd6。输出结果是 rdd6 中的所有键值对。

6. reduceByKey(func, [numTasks])

代码示例如下：

```
val rdd7 = rdd1.reduceByKey(_ + _)
rdd7.collect()
```

输出结果为：

res6: Array[(String, Int)] = Array((banana,2), (apple,4))

解释：reduceByKey(func, [numTasks]) 操作将 rdd1 中的元素按键进行分组，并对每个键对应的值进行归约（使用给定的函数 func）。输出结果是每个键和对应的归约结果。

7. sortByKey([ascending], [numTasks])

代码示例如下：

```
val rdd1 = sc.parallelize(List(("banana", 1), ("cherry", 2), ("apple", 3)))
val rdd8 = rdd1.sortByKey()
rdd8.collect()
```

输出结果为：

res7: Array[(String, Int)] = Array((apple,3), (banana,1), (cherry,2))

解释：sortByKey([ascending], [numTasks]) 操作按键对 rdd1 中的元素进行排序，并生成一个按键排序好的新 RDD rdd8。输出结果是 rdd8 中的所有键值对。

8. join(otherDataset, [numTasks])

代码示例如下：

```
val rdd1 = sc.parallelize(List(("apple", 1), ("banana", 2), ("cherry", 3)))
val rdd2 = sc.parallelize(List(("apple", "red"), ("banana", "yellow")))
val rdd9 = rdd1.join(rdd2)
rdd9.collect()
```

输出结果为：

```
res8: Array[(String, (Int, String))] = Array((banana,(2,yellow)), (apple,(1,red)))
```

解释：join(otherDataset, [numTasks]) 操作将 rdd1 和 rdd2 两个 RDD 按键进行连接，并生成一个包含每个键及其对应值的元组的新 RDD rdd9。输出结果是 rdd9 中的所有键值对。

9. repartition(numPartitions)

代码示例如下：

```
val rdd1 = sc.parallelize(List(1, 2, 3, 4, 5, 6, 7, 8, 9, 10))
val rdd10 = rdd1.repartition(3)
rdd10.collect()
```

输出结果为：

```
res9: Array[Int] = Array(1, 4, 7, 9, 10, 2, 3, 5, 6, 8)
```

解释：repartition(numPartitions) 操作将 rdd1 中的数据重新分区为指定数量的分区，并生成一个重新分区后的新 RDD rdd10。输出结果是 rdd10 中的所有元素。

此时可以继续查看 rdd1 和 rdd10 的分区数，代码如下：

```
rdd1.getNumPartitions
rdd10.getNumPartitions
```

输出结果分别为：

```
val res10: Int = 10
val res11: Int = 3
```

由上可知，rdd1 的分区数为 10，重新分区后的新 RDD rdd10 的分区数为 3。

掌握转换操作有利于提高数据处理和分析的效率和准确性。对于常用的操作，应该熟记于心。

3.2.4 常用行动操作实践

下面实践行动操作，常用的行动操作如下。

1. reduce(func)

代码示例如下：

```
val rdd1 = sc.parallelize(List(1, 2, 3, 4, 5))
val rdd2 = rdd1.reduce(_ + _)
```

输出结果为：

```
val rdd2: Int = 15
```

解释：reduce(func) 操作将 RDD 中的元素按照指定的二元运算符 (本例中的参数 func 是加法 _ + _) 进行聚合。初始的 RDD rdd1 包含整数 1～5，reduce 操作将这些整数相加，最终得到的结果是 15。由于 reduce 操作返回的是一个单一的值，而不是一个 RDD，因此输出结果直接是一个整数值 15。

2. collect()

代码示例如下：

```
val result = rdd1.collect()
```

输出结果为：

```
val result: Array[Int] = Array(1, 2, 3, 4, 5)
```

解释：collect() 操作将 RDD 的所有元素作为数组或列表返回给驱动程序，其不保证结果数组中的元素按任何特定顺序排列，并且如果 RDD 很大，则数组可能无法容纳在内存中。

在上述示例中，collect() 函数在 RDD rdd1 上调用，其中包含元素 1～5。collect() 操作的结果被分配给变量 result，它是一个整数数组。

3. count()

代码示例如下：

```
val count = rdd1.count()
```

输出结果为：

```
val count: Long = 5
```

解释：count() 操作将 RDD 中的元素数量进行返回。count() 操作的结果是一个 Long 值，表示 RDD 中的元素数量。

在上述示例中，可以使用 count() 操作来获取 RDD 中的元素数量，元素数量为 5。

4. first()

代码示例如下：

```
val first_element = rdd1.first()
```

输出结果为：

```
val first_element: Int = 1
```

解释：first() 操作将返回 RDD 的第一个元素，返回值的类型与 RDD 中元素的类型相同。已知 rdd1 的元素为 1～5，调用 first() 操作，返回并打印第一个元素 1。

5. take(n)

代码示例如下：

```
# 当参数 n 为 3 时
val top3 = rdd1.take(3)
```

输出结果为:

```
val top3: Array[Int] = Array(1, 2, 3)
```

解释: first() 操作与 take(1) 操作类似, 但返回类型有所不同。first() 操作返回单个元素, 而 take(1) 操作返回包含单个元素的列表。

6. saveAsTextFile(path)

代码示例如下:

```
rdd1.saveAsTextFile("file:///root/datas/rdd1")
```

执行之后, 可以看到本地 /root/datas 路径下新生成了一个 rdd1 文件夹。查看 rdd1 中的文件内容, 显示结果为:

```
-rw-r--r--  1 root root   8 11  7 23:22 ._SUCCESS.crc
-rw-r--r--  1 root root   8 11  7 23:22 .part-00000.crc
-rw-r--r--  1 root root  12 11  7 23:22 .part-00001.crc
-rw-r--r--  1 root root   0 11  7 23:22 _SUCCESS
-rw-r--r--  1 root root   0 11  7 23:22 part-00000
-rw-r--r--  1 root root   2 11  7 23:22 part-00001
```

解释: part-XXXXX 文件的个数与分区数相同, 此显示结果为两个分区。

7. countByKey()

代码示例如下:

```
val rdd = sc.parallelize(List(("apple", 3), ("banana", 2), ("orange", 4), ("apple", 1), ("banana", 1), ("apple", 1)))
val result = rdd.countByKey()
```

输出结果为:

```
val result: scala.collection.Map[String,Long] = Map(orange -> 1, apple -> 3, banana -> 2)
```

解释: countByKey() 操作可以用于统计 (K,V) 型 RDD 中每个 Key 出现的个数。在本示例中, "apple" 出现了 3 次, "banana" 出现了 2 次, "orange" 出现了 1 次。countByKey() 操作会返回一个 Map, 其中键是 RDD 中的元素, 值是这些元素出现的次数。

8. countByValue()

代码示例如下:

```
val rdd1 = sc.parallelize(List("apple", "banana", "apple", "orange", "banana", "apple"))
val countRDD = rdd1.countByValue()
```

输出结果为:

```
val countRDD: scala.collection.Map[String,Long] = Map(orange -> 1, apple -> 3, banana -> 2)
```

解释: countByValue() 操作可以返回一个 Map, 其中 Key 是字符串类型, 值 Value 是长整型。在本示例中, Map 中包含了 3 个键值对, 分别是 "orange" 对应 1 次, "apple" 对应 3 次, "banana" 对应 2 次。

9. foreach(func)

代码示例如下：

```
val rdd = sc.parallelize(List(1, 2, 3, 4, 5))
rdd.foreach(x => println(x * x))
```

输出结果为：

```
1
16
9
4
25
```

解释：foreach(func) 操作可以用于对 RDD 中的每个元素应用一个函数。在本示例中，表示对 rdd 中的每个元素进行平方操作，比如 1 的平方是 1，2 的平方是 4，3 的平方是 9，4 的平方是 16，5 的平方是 25。需要注意的是，由于 Spark 的并行性，输出的结果可能不会按照元素在 RDD 中的顺序显示。

Spark 的行动算子可以触发真正的计算，将分布式的数据集合转化为本地的数据结构，或者将数据写入外部系统，这些操作对于大数据处理至关重要。例如，在做电商用户行为分析时可以使用 first() 算子来获取每日的第一笔交易，使用 saveAsTextFile() 算子将处理后的数据保存到 HDFS 中等，这些行动算子操作可以为后续的数据分析提供基础。

任务 3.3　使用 RDD 实现电商用户行为分析

3.3.1　电商用户行为数据简介

若要完成电商用户行为分析，首先需要有数据，为了简化项目的流程，本项目直接提供数据集供大家使用，数据集名称为 user_behavior.csv，一共 1 万条日志。该数据集样例如下：

```
1,2268318,2520377,pv,1511544070
1,2333346,2520771,pv,1511561733
1,2576651,149192,pv,1511572885
1,3830808,4181361,pv,1511593493
1,4365585,2520377,pv,1511596146
1,4606018,2735466,pv,1511616481
1,230380,411153,pv,1511644942
1,3827899,2920476,pv,1511713473
1,3745169,2891509,pv,1511725471
1,1531036,2920476,pv,1511733732
```

该数据集包含用户在电商平台上的行为记录，一共有 5 个字段，即用户 ID、商品 ID、商品类目 ID、行为类型和时间戳。每个字段使用逗号进行分隔。其字段的说明如表 3-4 所示。

表 3-4 数据集字段定义

字　段	说　　明
用户 ID	每条日志均有对应的用户 ID，一个用户 ID 表示一个用户
商品 ID	每条日志均有对应的商品 ID
商品类目 ID	每个商品所属的类目 ID
行为类型	每条日志中用户所对应商品的行为类型，包括浏览、购买、加购、收藏商品等
时间戳	行为发生的时间戳

日志数据集中的行为类型共有 4 种。

(1) pv：商品详情页的 PV(Page View，页面浏览量)，等同于点击。

(2) buy：购买商品。

(3) cart：将商品加入购物车。

(4) fav：收藏商品。

3.3.2 功能需求分析

了解了电商用户行为数据后，还无法立即开始编写代码，因为还需要明确具体的需求。经过对数据进行探索，总结出四大功能需求，具体如下。

(1) 需求一：用户行为统计。

通过对每个用户的行为次数进行统计，可以了解哪些用户在平台上最活跃，从而可以针对这些用户进行更精准的营销活动。

(2) 需求二：商品流行度分析。

通过找出被用户行为涉及最多的前 10 个商品，可以了解哪些商品最受用户欢迎，从而可以针对这些商品进行更精准的推荐。

(3) 需求三：活跃时间分析。

通过分析用户的活跃时间，可以了解用户在哪个时间段最活跃，从而可以在这个时间段内进行更精准的推送。

(4) 需求四：用户行为转化漏斗模型。

通过分析用户从浏览到收藏，再到加入购物车，最后到购买的转化率，可以了解用户的购买意愿，从而可以针对转化率低的环节进行优化。

3.3.3 需求实现思路分析

在明确需求之后，还需要对需求点进一步细化和澄清，并明确实现思路。需求点与实现思路如表 3-5 所示。

表 3-5 需求点与实现思路

需求编号	需求点细化	实 现 思 路
需求一：用户行为统计	统计每个用户的总行为次数	首先通过 map 函数提取出每一行数据的用户 ID（即第 0 个字段）；然后使用 countByValue 函数统计每个用户 ID 出现的次数，即用户的总行为次数
需求二：商品流行度分析	找出被用户行为涉及最多的前 10 个商品	首先使用 map 函数提取出每一行数据的商品 ID（即第 1 个字段）；然后使用 countByValue 函数统计每个商品 ID 出现的次数；接着将结果转换为序列并按照商品被涉及的次数降序排序；最后取前 10 个商品
需求三：活跃时间分析	分析用户的活跃时间，例如可以统计在哪个时段用户的行为最活跃	首先使用 map 函数提取出每一行数据的时间戳，并将其转换为小时格式；然后使用 countByValue 函数统计每个小时出现的次数；最后将结果转换为序列并按照次数降序排序
需求四：用户行为转化漏斗模型	分析用户从浏览到收藏，再到加入购物车，最后到购买的转化率	首先使用 map 函数提取出每一行数据的行为类型；然后使用 countByValue 函数统计每种行为类型出现的次数；最后计算从浏览到加入购物车的转化率，即购物车行为的次数除以浏览行为的次数，加入购物车到购买的转化率也是类似的操作

在挖掘需求和整理思路的过程中，如果缺乏相关基础知识，建议回顾任务 3.2 小节的内容。

3.3.4 数据预处理

在整理完需求实现思路后，接下来可以进入数据预处理环节。

1. 数据预处理步骤分析

本节仅简要介绍两个预处理步骤：

(1) 缺失值处理。

由于行为类型数据对于分析很重要，因而需要将存在缺失值的行为类型数据行进行排除。这可以通过检查每一行的数据是否包含行为类型字段，并将缺失该字段的行删除或进行填充操作来实现。

(2) 无关特征过滤。

根据需求分析，若当前所需实现的功能与商品类目无关，为了提升计算效率和减少噪声影响，可以过滤掉商品类目 ID 字段。这可以通过删除或忽略该字段所在的列来实现。

通过以上两个预处理步骤，可以提高数据的质量和准确性，为后续的需求实现提供更可靠的基础。

2. 数据预处理实际操作

下面对源数据进行预处理操作。首先，将 user_behavior.csv 上传到 master 节点的

/root/datas 文件夹下。然后，进入 Spark 的安装路径，执行以下命令进入 Spark Shell 环境：

```
./bin/spark-shell
```

预处理详细操作步骤如下：

步骤 1　通过 spark-shell 读取 /root/datas/user_behavior.csv，代码如下：

```
val rdd = sc.textFile("/root/datas/user_behavior.csv")
```

需要使用 Spark 的 textFile 函数来读取 CSV 文件，此函数会返回一个 RDD。在本示例中，RDD 的名称为 rdd。

步骤 2　过滤掉行为类型为空的行，代码如下：

```
val rddFiltered = rdd.filter(line => {
  val columns = line.split(",")
  columns(3) != null && columns(3).length > 0
})
```

可以使用 RDD 的 filter 函数来过滤掉行为类型为空的行。filter 函数可以接受一个函数，然后返回满足此函数的元素。在本示例中，每一行数据按照逗号进行分隔，判断第 4 列 (索引为 3) 是否不为空且长度大于 0。如果满足条件，则返回 true，否则返回 false。返回 true 的行保留在 rddFiltered 中。此时可以查看 rddFiltered 的行数：

```
rddFiltered.count()
```

输出结果为：

```
val res0: Long = 9997
```

由此可知，原来有 1 万行数据，目前只有 9997 行。

步骤 3　过滤掉商品类别 ID 这一列，代码如下：

```
val rddFinal = rddFiltered.map(line => {
  val columns = line.split(",")
  columns.take(2).mkString(",") + "," + columns.drop(3).mkString(",")
})
```

可以使用 RDD 的 map 函数来过滤掉商品类别 ID 这一列。map 函数可以接受一个函数，然后返回此函数处理过的元素。columns.take(2).mkString(",") + "," + columns.drop(3).mkString(",") 表示获取前 2 列的数据，删除第 3 列的数据 (第 3 列为商品类目 ID)，mkString(",") 表示将元素连接成一个以逗号分隔的字符串。比如 "1,2268318,2520377,pv,1511544070" 经过处理后，将会返回 "1,2268318,pv,1511544070" 字符串。在本示例中，最终的结果为 rddFinal，此 RDD 将继续用来实现需求。

3.3.5　需求功能实现

数据预处理环节结束之后，接下来可以进行需求的实现。

需求一：统计每个用户的总行为次数。代码如下：

```
val userBehaviorCount = rddFinal.map(_.split(",")(0)).countByValue()
```

解释：rddFinal.map(_.split(","))(0) 指将 rddFinal 中的每一行数据按照逗号进行分隔，然后取出第一个字段，即用户 ID。countByValue() 函数是对 RDD 中的元素进行计数，返回每一个元素在 RDD 中出现的次数。在本示例中，元素为用户 ID，所以 countByValue() 函数返回的结果就是每个用户 ID 出现的次数，即每个用户的总行为次数。

输出结果为：

```
val userBehaviorCount: scala.collection.Map[String,Long] = HashMap(1000269 -> 15, 1000228 -> 420, 1000204 -> 51, 1000095 -> 104, 1000107 -> 98, 1000093 -> 65, 100038 -> 49, 1000045 -> 111, 1000393 -> 18, 1000332 -> 156, 1000326 -> 84, 1000139 -> 84, 1000112 -> 12, 1000151 -> 15, 1000194 -> 108...
```

目前的统计结果没有按次数进行统计，此时也可以再进一步操作，实现按用户总行为次数进行排序，然后打印出前 5 名用户。代码如下：

```
val sortedUserBehaviorRDD = userBehaviorCount.toList.sortWith((a, b) => b._2 < a._2)
```

解释：sortWith 函数对转换后的列表进行排序，其接受一个比较函数作为参数。在本示例中，比较函数为匿名函数 "(a, b) => b._2 < a._2"，其作用是比较两个元素（即列表中的两个键值对）的值（即用户的行为次数），并按照降序排序。

输出结果为：

```
val sortedUserBehaviorRDD: List[(String, Long)] = List((1000040,466), (1000417,456), (1000228,420), (1000436,397), (1000398,368), (1000059,279), (1000114,270), (1000084,247), (1000251,247), (1000349,245), (1000408,237), (100010,186), (1000364,181), (100030,164), (1000420,160), (1000165,159), (1000332,156), (1000159,156), (1000154,156), (10000...
```

继续按用户总行为次数取前 5 名用户，代码如下：

```
val top5UserBehaviorCount = sortedUserBehaviorRDD.take(5)
```

输出结果为：

```
val top5UserBehaviorCount: List[(String, Long)] = List((1000040,466), (1000417,456), (1000228,420), (1000436,397), (1000398,368))
```

由此可知，用户 ID 为 1000040、1000417、1000228、1000436、1000398 的这 5 位用户在电商平台上最活跃。

需求二：找出被用户行为涉及最多的前 10 个商品。代码如下：

```
val top10Products = rddFinal.map(_.split(",")(1)).countByValue().toSeq.sortBy(-_._2).take(10)
```

解释：rddFinal.map(_.split(",")(1)) 指取出第二个字段，即商品 ID，然后统计每个商品 ID 出现的次数。将结果转换为序列 (Seq)，然后按照商品 ID 出现的次数进行降序排序，并取前 10 个出现次数最多的商品 ID。在本示例中，sortBy(-_._2) 表示使用 sortBy 函数对序列进行排序，参数 "-_._2" 中的 "_._2" 表示按元素的第二个字段（即出现的次数）进行排序，负号（"-"）表示降序排序。

输出结果为：

```
val top10Products: Seq[(String, Long)] = List((4350284,26), (1545024,20), (3454985,17), (3471238,17), (2492167,15), (4354614,13), (987677,13), (404297,13), (1669287,12), (3930186,11))
```

由商品 ID 出现的次数可知最流行的 10 个商品。

需求三：分析用户的活跃时间，例如可以统计在哪个时段用户的行为最活跃。
代码如下：

```
val activeHours = rddFinal.map(line => {
 val timestamp = line.split(",")(3).toLong
 val hour = new java.text.SimpleDateFormat("HH").format(new java.util.Date(timestamp * 1000))
 hour
}).countByValue().toSeq.sortBy(-_._2)
```

本需求较为复杂，可以按以下思路进行理解：

① val activeHours = rddFinal.map(line => {...}) 定义了一个名为 activeHours 的变量，其通过调用 rddFinal 的 map 函数而得到。map 函数会对 RDD 中的每个元素应用一个函数，并返回一个新的 RDD。

② 在 map 函数中，line => {...} 是一个匿名函数，其接受一个参数 line，该参数代表 RDD 中的一个元素。在此匿名函数中，首先通过 line.split(",")(3).toLong 将 line 按照逗号分隔，然后取第四个元素（索引为3），并将其转换为长整型，该操作的目的是获取每行数据的时间戳。

③ new java.text.SimpleDateFormat("HH").format(new java.util.Date(timestamp * 1000)) 用于将时间戳转换为小时格式。"HH" 表示小时格式，new java.util.Date(timestamp * 1000) 表示将时间戳转换为毫秒级的日期对象，然后使用 SimpleDateFormat 进行格式化。

④ hour 就是转换后的小时字符串。

整个 map 函数的作用是将 RDD 中的每个元素（即每行数据）转换为其对应的小时字符串，后续的代码与需求一、需求二类似，不再展开讲解。

输出结果为：

```
val activeHours: Seq[(String, Long)] = List((22,1076), (20,751), (23,729), (21,668), (19,586), (16,561), (15,551), (10,540), (11,510), (12,455), (14,443), (00,426), (18,405), (13,404), (08,394), (17,355), (07,354), (09,353), (06,154), (01,140), (02,68), (04,40), (05,18), (03,16))
```

如需要查看最活跃的时间段，只需执行以下代码：

```
activeHours.take(1)
```

输出结果为：

```
activeHours.take(1)
val res5: Seq[(String, Long)] = List((22,1076))
```

由结果可知，用户最活跃的时间段是 22 点到 23 点，因此企业方可以调整营销策略，集中资源投入到此时间段。

需求四：分析用户从浏览到加入购物车再到购买的转化率。代码如下：

```
val behaviorTypes = rddFinal.map(_.split(",")(2)).countByValue()
```

解释：此代码为统计各种用户行为类型的次数。

输出结果为：

```
val behaviorTypes: scala.collection.Map[String,Long] = Map(cart -> 537, buy -> 179, pv -> 8983,
```

fav -> 298)

由此可知，pv 行为次数为 8983，cart 行为次数为 537，buy 行为次数为 179，fav 行为次数为 298。

接下来实现从浏览到加入购物车的转化率和从加入购物车到购买的转化率，代码如下：

```
val pvToCart = behaviorTypes.getOrElse("cart", 0L).toDouble / behaviorTypes.getOrElse("pv", 1L)
val cartToBuy = behaviorTypes.getOrElse("buy", 0L).toDouble / behaviorTypes.getOrElse("cart", 1L)
```

解释：这两行代码分别用于计算从浏览到加入购物车的转化率和从加入购物车到购买的转化率。通过获取 Map 中键为 "cart" 和 "pv" 的值，将它们转换为双精度浮点数，并分别除以键为 "buy" 和 "cart" 的值（如果不存在，则默认为1），得到两个变量 pvToCart 和 cartToBuy。

输出结果为：

```
val pvToCart: Double = 0.059779583658020705
val cartToBuy: Double = 0.3333333333333333
```

由此可知，从浏览到加入购物车的转化率为 0.0598(即 5.98%)，即每 10 000 个浏览量中大约有 598 个人会加入购物车。从加入购物车到购买的转化率为 0.333(即 33.33%)，即每 10 000 个加入购物车的人中大约有 3333 个人会进行购买。这两个转化率可以帮助企业了解用户在购物过程中的行为习惯和需求，从而优化产品设计、提高用户体验和促进销售转化。

 创新学习

本部分内容以二维码的形式呈现，可扫码学习。

 能力测试

1.(多选题)RDD 的特点有 (　　)。
A. 分布式计算　　　　　　B. 容错性
C. 数据可读性　　　　　　D. 内存计算
E. 优化执行计划　　　　　F. 支持多种数据源

2.(单选题) 关于 RDD 的相关知识，以下说法错误的是 (　　)。
A. RDD 的全称是 Resilient Distributed Dataset(弹性分布式数据集)，是 Spark 中最基本的数据结构之一
B. RDD 的数据元素是分布式存储的，同时其运算方式也是分布式的
C. RDD 本质上是一个存放元素的分布式数据集合

D. RDD 具有自动容错的特点，在运算过程中不会出现 Partition 数据丢失或运算失败的情况

3. (单选题) 关于 Spark Shell 的描述，以下说法错误的是 (　　)。

A. Spark Shell 是一个交互式编程环境，可以帮助人们更好地理解 Spark 程序开发

B. Spark Shell 支持 Scala、Python 和 R 语言

C. 可以进入 Spark 的安装路径，执行".bin/scala-shell"进行 Spark Shell 环境

D. spark-shell 本质上是一个 Driver，执行 spark-shell 命令后，会默认创建 sc 与 spark 这两个对象

4. (判断题) 命令"spark-shell --help"可以查看 Spark Shell 的帮助信息与相关选项。(　　)

5. (判断题)RDD 操作主要分为两类：转换操作和行动操作。(　　)

6. 简述创建 RDD 的 3 种方式。

7. 解释以下示例代码：

val rdd1 = sc.parallelize(List(("apple", 3), ("banana", 4), ("apple", 5)))
val rdd2 = rdd1.groupByKey()
val rdd3 = rdd1.reduceByKey(_ + _)

8. 列举 5 个行动算子，并简述其含义。

项目四　电影数据分析实现

 项目导入

在项目三中，学习了 Spark 的相关知识，接下来将学习 Spark 开发环境的搭建、Spark 程序的编写、Maven 的配置、IDEA 工具的使用、程序的打包与运行，以及安装并使用 Zeppelin 交互式数据分析工具，最终逐步实现电影数据分析。

 知识目标

- 了解 Spark 编程模型。
- 了解 Spark 常用的开发工具。
- 了解 IntelliJ IDEA 工具。

 能力目标

- 能够完成 IntelliJ IDEA Windows 版环境搭建。
- 能够使用 IntelliJ IDEA 工具开发第一程序 WordCount。
- 能够对用 IntelliJ IDEA 打包程序提交到集群运行。
- 能够对搭建环境过程中遇到的问题进行分析。

 素质目标

- 培养主动探索、创新实践的科学精神。
- 培养精益求精的工匠精神。

 项目导学

随着社会经济的发展和人们生活水平的提高，电影行业得到了快速发展。通过对电影数据分析进行电影推荐，对用户而言，可以减少用户在搜索上所消耗的时间，帮助用户快速找到自己喜欢的电影；对企业而言，一个好的电影推荐分析可以帮助提升用户体验、提高用户和企业的黏合度、增加客户数量，可以针对用户提供更好、更完善、更精确的定制服务。无论什么样的企业，只要拥有大量的客户群，就能创造利益。推荐系统就像一块磁铁可以吸引并留住客户。因此，电影数据分析的研究和应用具有很大的意义，不仅可以提高用户的观影体验，还可以促进电影产业的发展和创新。

任务 4.1 搭建 Spark 开发环境

4.1.1 IntelliJ IDEA 介绍和安装

IntelliJ IDEA 是由 JetBrains 开发的一款强大且应用广泛的集成开发环境，主要用于 Java 编程，同时支持多种编程语言。其核心功能包括智能代码补全、代码重构、调试和测试工具、内置版本控制系统支持以及插件扩展。IntelliJ IDEA 利用上下文感知和数据流分析技术，提供智能化的代码提示和错误检测，帮助开发者更高效地编写和维护代码。通过集成多种开发工具和服务，IntelliJ IDEA 提供了一个统一的开发平台，使得从编写代码到部署应用的整个过程更加流畅和高效。

IDEA 提供 Community 和 Ultimate 两个版本，其中 Community 是完全免费的，Ultimate 可以免费使用 30 天，超过时间后需要收费。开发 Spark 应用程序时下载一个新的 Community2023.5 版本即可，下载地址为 https://www.jetbrains.com/idea/download/other.html，如图 4-1 所示。

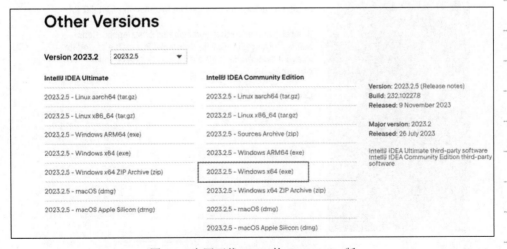

图 4-1 官网下载 IDEA 的 Community 版

1. 安装 IntelliJ IDEA

（1）打开浏览器，输入访问网址 https://www.jetbrains.com/idea，进入首页后点

击"Download"下载，如图 4-2 所示。

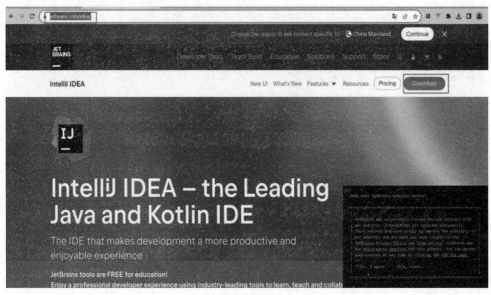

图 4-2 下载 IntelliJ IDEA

(2) 下载完成后默认保存在下载目录，双击"ideaIU-2023.1.5.exe"运行，如图 4-3 所示。

图 4-3 安装 IntelliJ IDEA

(3) 单击"Next"按钮弹出安装路径，建议不要安装在 C 盘，如图 4-4 所示。

项目四　电影数据分析实现　　81

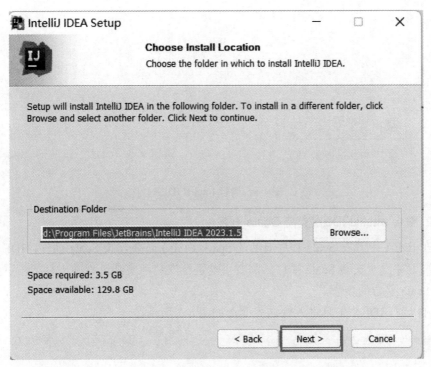

图 4-4　IntelliJ IDEA 安装路径

(4) 设置好安装路径后，单击"Install"按钮执行安装，如图 4-5 所示。

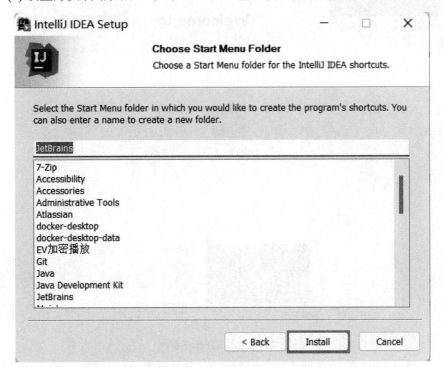

图 4-5　IntelliJ IDEA 评估选项

(5) 安装完成后，在开始菜单的所有程序中可以找到安装 IDEA，双击即可运行，如图 4-6 所示。

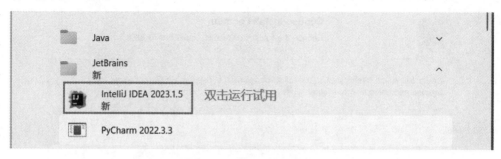

图 4-6　运行 IntelliJ IDEA

2. 整合 IntelliJ IDEA 支持 Scala 开发

在 IDEA 中开发 Scala 程序（以及 Spark 程序）需要安装 Scala 插件，IDEA 默认情况下并没有安装 Scala 插件，需要手动进行安装，安装过程并不复杂，下面将演示 Scala 整合的步骤。

（1）运行 IDEA 工具进入欢迎界面，如图 4-7 所示。

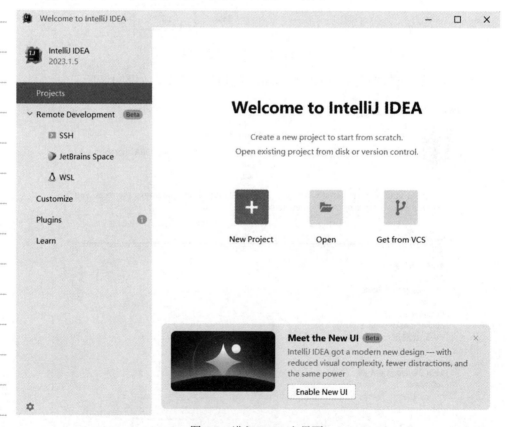

图 4-7　进入 IDEA 主界面

（2）单击"Plugins"，在搜索插件框中输入"Scala"，然后单击"Install"按钮安装，如图 4-8 所示。

项目四　电影数据分析实现

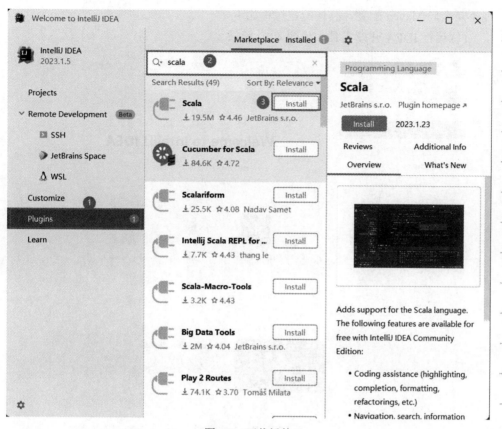

图4-8　下载插件

(3) 安装完成后，单击"Restart IDE"按钮重启，完成插件安装，如图4-9所示。

图4-9　Scala 插件安装成功

3. Maven 全局配置

在 IDEA 新创建 Maven 项目时设置的 Maven 配置会被重置，导致每次创建新 Maven 项目都需要重新设置问题，每次新建和导入项目都需要重新配置 Maven 的原因是，设置的 Maven 配置仅对当前 Maven 项目有效，属于项目内部 Maven 配置，而不是全局 Maven 配置，具体配置过程如下。

(1) 运行 IDEA 开发工具，如图 4-10 所示。

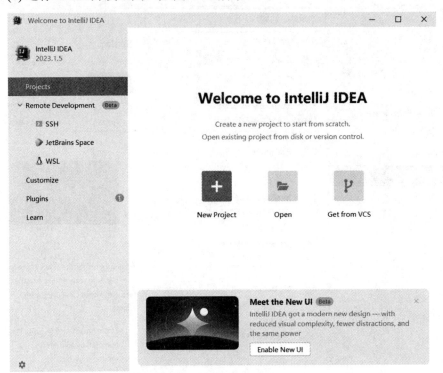

图 4-10　IDEA 主界面

(2) 单击"Customize"弹出详细信息，然后单击"All settings..."，如图 4-11 所示。

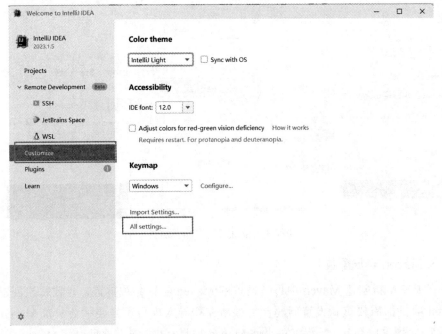

图 4-11　IDEA 全局设置

(3) 在搜索框中输入 Maven，然后单击"Maven"弹出配置信息，修改"Maven home path"项，指定到本地解压路径，修改"User settings file"为本地全局配置文件，修改"Local repository"为本地仓库地址，如图 4-12 所示。

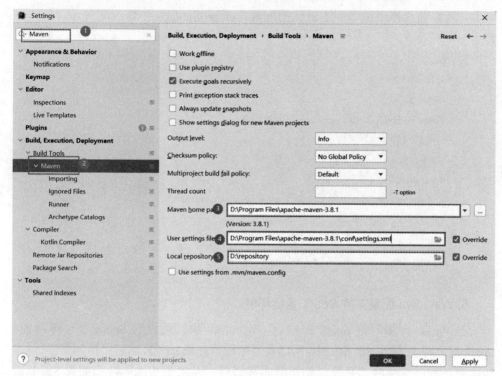

图 4-12　Maven 全局设置

4. 配置 Maven 国内镜像

在不配置镜像的情况下，Maven 默认会使用中央库，Maven 中央库在国外，有时候访问会很慢，尤其是下载较大的依赖时，甚至会出现无法下载的情况，为了解决依赖下载速度慢的问题，需要配置 Maven 国内镜像，具体配置过程如下。

(1) 找到解压 Maven 所在的文件夹，本书配置路径在 D:\Program Files\apache-maven-3.8.1\conf 目录，在该目录下用记事本工具打开 settings.xml 文件。在该文件中查找 localRepository 标签，把该标签属性值设置为本地路径，修改如下：

<localRepository>D:/repository</localRepository>

(2) 查找 mirror 标签并把属性值设置为国内镜像，镜像地址可以在阿里云使用指南中找到，在浏览器输入网址 https://developer.aliyun.com/mvn/guide，在网页中可以看到镜像使用方式，如果想使用阿里云镜像仓库，可在 <repositories></repositories> 节点中加入对应的仓库使用地址，内容如下：

<mirror>
　　<id>alimaven</id>
　　<name>aliyun maven</name>
　　<url>http://maven.aliyun.com/nexus/content/groups/public/</url>

```
        <mirrorOf>central</mirrorOf>
    </mirror>
```

（3）Maven 创建的 Java 工程使用的默认 JDK 版本是 JDK 1.5，本书使用 JDK 1.8 版本，所以需要修改编译版本默认的配置，在 profile 标签中修改配置项。具体内容如下：

```
<profile>
    <id>jdk-1.8</id>
    <activation>
        <activeByDefault>true</activeByDefault>
        <jdk>1.8</jdk>
    </activation>
    <properties>
        <maven.compiler.source>1.8</maven.compiler.source>
        <maven.compiler.target>1.8</maven.compiler.target><maven.compiler.compilerVersion>1.8</maven.compiler.compilerVersion>
    </properties>
</profile>
```

5. Windows 配置支持 Spark 运行环境

在 Windows 编写好 Spark 程序后，Windows 默认是没有 Spark 运行环境的。Spark 运行环境安装在虚拟机中，所以需要把程序打成 jar 包，然后上传到集群运行，每次验证程序结果时都要提交到集群非常繁琐，因此在 Windows 上配置 Spark 运行环境的支持即可。具体配置过程如下：

（1）打开浏览器输入网址 https://github.com/cdarlint/winutils，然后按回车键，在页面中找到"Code"按钮，单击"Code"按钮弹出页面，选择"Download ZIP"按钮进行下载，如图 4-13 所示。

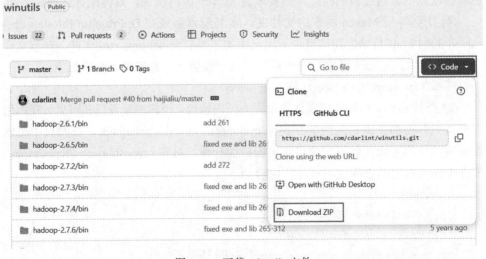

图 4-13　下载 winutils 文件

找到下载的 winutils 压缩包进行解压，解压后有多个 winutils 版本，找到本书对应的兼容版本 hadoop-3.1.1 目录，拷贝该目录下的所有文件到指定的 D:\hadoop_native\hadoop-3.3.4 目录即可，读者可以自定义路径。需要说明的是，winutils.exe 是一个用于在 Windows 上运行 Hadoop 的实用程序，它提供了一些 Hadoop 需要的系统工具和 Shell 命令，例如 hadoop fs 命令和 hadoop jar 命令等，这些命令可以帮助用户在 Windows 上使用 Hadoop 进行分布式计算。winutils.exe 通常需要和 hadoop.dll 一起使用，以实现在 Windows 上使用 Hadoop 的功能。

(2) 配置 Hadoop 环境变量，如图 4-14、图 4-15 所示。

图 4-14　配置 Hadoop 环境变量 1

图 4-15　配置 Hadoop 环境变量 2

(3) 按 Win + R 键，打开 Windows 命令运行框，输入 cmd，按回车键后在命令行终端输入 hadoop 并执行。Hadoop 环境变量配置成功的效果如图 4-16 所示。

图 4-16 检测 Hadoop 是否安装

6. 创建 IntelliJ Maven 项目

前面已经完成基础配置，接下来使用 IDEA 工具完成 Maven 项目创建，主要目的是为编写 Spark 程序做好环境准备。首先启动 IDEA 开发工具，选择"New Project"，然后选择"Maven Archetype"，从模板创建 Scala Maven 项目，如图 4-17 所示。

图 4-17 创建 Maven 项目

单击"Create"按键创建,会自动构建默认目录结构。生成所有文件夹可能需要 1~2 min,完成生成后的界面如图 4-18 所示。

图 4-18　验证 Maven 创建项目

成功创建 Maven 后,还不能直接编写 Scala 代码,需要添加 Scala 插件才能开发 Scala 程序,下面将介绍 Scala 插件安装及如何创建程序。

7. 添加 Maven 支持 Scala 的开发

在默认情况下,创建 Maven 项目不支持 Scala 语言开发,所以需要将项目文件添加支持 Scala 框架。引入 Scala 框架的具体操作步骤如下:

(1) 在 helloworld 项目上,选中 helloworld 项目名称,单击右键,在弹出的对话框中找到"Add Framework Support...",然后选中"Scala",单击"OK"按钮,如图 4-19 所示。

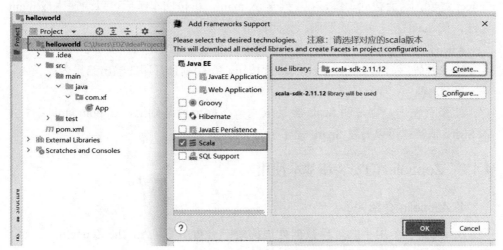

图 4-19　添加 Scala 语言支持

(2) 为了方便后期代码的维护,一般需要将 Scala 源码和 Java 源码分开存放,所以需要重新创建能存放 Scala 源文件的目录,具体步骤如下:

首先选中 main 目录,单击右键,在弹出的选项中选择"New",在弹出目录中选择"Diretory",输入 scala,按回车键完成目录创建。然后选中 scala 目录,单击右键,在弹出的选项中选择"Mark Directory as",在弹出的目录中选择"Sources root",可以观察到目录文件夹的颜色变成浅蓝色,说明 scala 目录由普通文件夹变为了源码目录,此时就可以在该目录中编写 Scala 源码了,如图 4-20 所示。

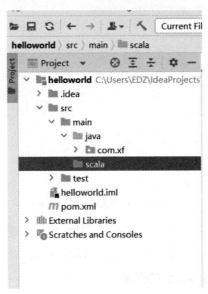

图 4-20 创建 Scala 源码目录

8. Scala HelloWorld 案例

使用 IDEA 工具完成 Scala HelloWorld 案例的具体步骤如下:

首先选中 scala 源码目录,单击右键新建 Scala 源码名称为 HelloWorld,选择 Object 对象。然后按回车键,在类中输入 main,再按回车键后可以快速生成 main 方法,在 main 方法中输入源码,代码如下:

```
println("hello scala")
```

输入源码后,单击工具栏上的运行按钮,在控制台打印的输出结果为:

```
hello scala
```

如果有输出,则说明 Scala 验证成功。在此环境基础上,在 pom.xml 文件引入 Spark 依赖就可以开发 Spark 程序了。

4.1.2 Zeppelin 的安装和基本使用

1. Zeppelin 介绍

Spark 是一个用于大规模数据处理的统一分析引擎。Apache Zeppelin 是一个提供交互数据分析的网页端 notebook。

Spark 和 Zeppelin 可以很好地结合，用于数据处理和可视化。Zeppelin 提供了一个基于 Web 的 notebook，用户可以在其中编写和运行 Spark 代码，并直接在浏览器中查看结果。

对于公司的数据分析人员来说，虽然 Spark Shell 提供了交互式数据查询的功能，但是他们更喜欢使用基于 Web 的 Notebook 工具。

2. 下载 Zeppelin 安装包

在浏览器输入网址 http://zeppelin.apache.org/download.html 下载 Zeppelin 安装包。选择 Zepplin-0.9.0 版本，如图 4-21 所示。

图 4-21　官网下载 Zeppelin

下载安装包到 ~/software 目录下 (~ 代表用户主目录)。

3. 在 CentOS 7 上安装和配置 Zeppelin

(1) 将下载的安装包解压到 ~/bigdata 目录下，并改名为 zeppelin-0.9.0，命令如下：

```
cd ~/bigdata
tar xvf ~/software/zeppelin-0.9.0-bin-all.tgz
mv zeppelin-0.9.0-bin-all zeppelin-0.9.0
```

(2) 配置 Zeppelin 环境变量，便于在任何路径下都可以启动 Zeppelin，命令如下：

```
sudo vim /etc/profile
```

在文件最后添加以下内容：

```
export ZEPPELIN_HOME=/bigdata/zeppelin-0.9.0
export PATH=$PATH:$ZEPPELIN_HOME/bin
```

保存文件并关闭。

(3) 执行 /etc/profile 文件使得配置生效，命令如下：

```
source /etc/profile
```

(4) 打开 conf/zeppelin-env.sh 文件 (默认没有，从模板复制一份)，命令如下：

```
cd ~/bigdata/zeppelin-0.9.0/conf
cp zeppelin-env.sh.template zeppelin-env.sh
vim zeppelin-env.sh
```

在文件最后添加以下内容：

```
export JAVA_HOME=/usr/local/JDK1.8.0_161
export SPARK_HOME=/bigdata/spark-3.4.0
```

(5) 打开 zeppelin-site.xml 文件（默认没有，从模板复制一份），命令如下：

```
cd ~/bigdata/zeppelin-0.9.0/conf
cp zeppelin-site.xml.template zeppelin-site.xml
vim zeppelin-site.xml
```

修改 zeppelin.server.port 和 zeppelin.server.ssl.port 两个属性，设置新的端口号 9090 与 9443，避免与 Spark Web UI 的端口造成冲突，具体配置如下：

```xml
<property>
    <name>zeppelin.server.port</name>
    <value>9090</value>
    <description>Server port.</description>
</property>
<property>
    <name>zeppelin.server.ssl.port</name>
    <value>9443</value>
    <description>Server ssl port. (used when ssl property is set to true)</description>
</property>
```

4. 启动 Zeppelin 服务

在终端窗口中执行以下命令，启动 Zeppelin 服务。

```
zeppelin-daemon.sh start
```

5. 配置 Spark 解释器

首先启动浏览器，在浏览器地址栏输入 http://master:9090/，打开访问界面，单击右上角的小三角按钮，打开下拉菜单，单击"Interpreter"菜单项，弹出解释器配置界面，如图 4-22 所示。

图 4-22　配置解释器

打开的解释器配置界面如图 4-23 所示。在图 4-22 中找到 spark 解释器，然后修改 master 属性值为 spark://master:7077（说明：这实际上是连接到集群管理器，这里使用的是 Spark Standalone 模式），输入地址后单击保存。其他参数默认设置即可。

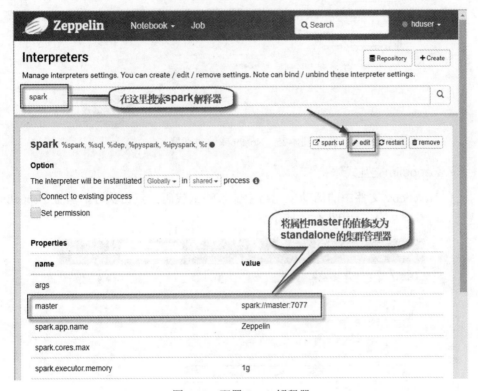

图 4-23　配置 Spark 解释器

6. 创建 Notebook 文件

进入浏览器 Zeppelin 首页，单击"Create new node"，创建一个新的 Notebook 文件，如图 4-24 所示。

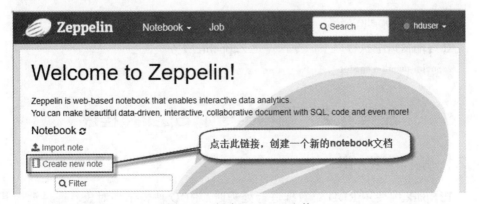

图 4-24　创建 Notebook 文件

在弹出的创建窗口填写相应信息，单击"Create"按钮即可，如图 4-25 所示。

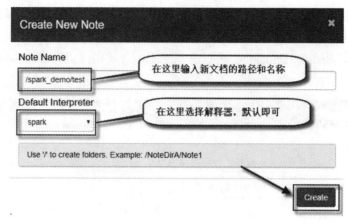

图 4-25　Notebook 文件配置

7. Zeppelin 交互式体验

在 Notebook 文件中的活动单元格中输入测试代码，点击执行，验证 Zeppelin 是否成功整合 Scala，如图 4-26 所示。

图 4-26　验证执行成功

8. 关闭 Zeppelin 服务

在终端窗口中执行以下命令，停止 Zeppelin 服务。

zeppelin-daemon.sh stop

任务 4.2　编写第一个 Spark 程序

4.2.1　编程模型介绍

在 Spark 中使用 RDD 对数据进行处理时，RDD 被表示为对象，通过调用其对象上的方法来对 RDD 进行转换。RDD 经过一系列的 transformations 转换定义之后，就可以通过调用 Action 算子来触发 RDD 的计算，Action 可以是向应用程序返回结果，也可以是向存储系统保存数据。在 Spark 中，只有在 Action 算子被调用时，才会执行 RDD 的计算（即延迟计算）。数据处理流程如图 4-27 所示。

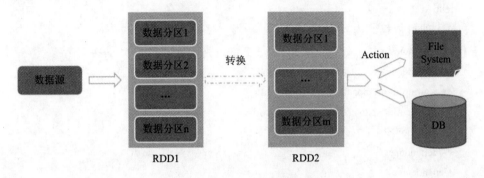

图 4-27　数据处理流程

4.2.2　Spark WordCount 案例分析

1. 案例背景

WordCount 是大数据处理中一个非常经典且基础的案例，用于统计文本中每个单词出现的次数。通过 Spark 实现 WordCount 可以展示 Spark 处理大规模数据的能力。

2. 代码步骤分析

代码实现步骤如下：

(1) val conf = new SparkConf().setAppName("WordCount")：创建 Spark 配置对象，并设置应用程序名称。

(2) val sc = new SparkContext(conf)：基于配置创建 Spark 上下文。

(3) val input = sc.textFile("your_file.txt")：从指定文件读取文本数据。

(4) val words = input.flatMap(line => line.split(" "))：将每行文本按空格分隔为单词。

(5) val wordCounts = words.map(word => (word, 1))：将每个单词映射为键值对，值为 1 表示出现一次。

(6) reduceByKey((a, b) => a + b)：按照单词进行分组，并对每组的值进行累加，从而得到每个单词的出现次数。

4.2.3　Spark WordCount 代码实现

Spark WordCount 代码实现的过程如下：

(1) 创建一个 Maven 项目 WordCount，包命名为 com.xf.spark。

(2) 输入文件夹准备：首先在新建的 WordCount 项目名称上单击右键新建"input"文件夹，然后在"input"文件夹上单击右键新建"1.txt"和"2.txt"，最后分别在文件中输入测试数据，内容如下：

Hello xf
Hello xf
Hello xf

导入项目依赖，内容如下：

```xml
<dependencies>
  <dependency>
    <groupId>org.apache.spark</groupId>
    <artifactId>spark-core_2.11</artifactId>
    <version>2.1.1</version>
  </dependency>
</dependencies>
```

创建伴生对象 WordCount，代码如下：

```scala
package com.xf.spark
import org.apache.spark.rdd.RDD
import org.apache.spark.{SparkConf, SparkContext}
object WordCount {
  def main(args: Array[String]): Unit = {
    val conf = new SparkConf().setAppName("WC").setMaster("local[*]")

    //2. 创建 SparkContext，该对象是提交 Spark App 的入口
    val sc = new SparkContext(conf)

    //3. 读取指定位置文件:hello xf xf
    val lineRdd: RDD[String] = sc.textFile("input")

    //4. 将读取的数据分解成单词 ( 扁平化 )(hello)(xf)(xf)
    val wordRdd: RDD[String] = lineRdd.flatMap(line => line.split(" "))

    //5. 转换数据结构：(hello,1)(xf,1)(xf,1)
    val wordToOneRdd: RDD[(String, Int)] = wordRdd.map(word => (word, 1))

    //6. 将转换结构后的数据进行聚合处理 xf:1、1 =》 1+1  (xf,2)
    val wordToSumRdd: RDD[(String, Int)] = wordToOneRdd.reduceByKey((v1, v2) => v1 + v2)

    //7. 将统计结果采集到控制台打印
    val wordToCountArray: Array[(String, Int)] = wordToSumRdd.collect()
    wordToCountArray.foreach(println)
    //8. 关闭连接
    sc.stop()
  }
}
```

输出结果为：
(Hello,3)
(xf,3)

可以发现，经过 RDD 一系列转换操作后，具有相同的 key，进行 reduce 后得到 (" 单词 ", 总数)，这样就计算得到了这个单词的词频。

任务 4.3 打包并运行 Spark 程序

4.3.1 打包插件介绍

打包插件是把 class 文件、配置文件打包成一个 jar(war 或其他格式) 包。依赖包不包括在 jar 里面，需要建立 lib 目录，且 jar 和 lib 目录是在同一级别的目录。常用的打包插件有 scala-maven-plugin、maven-assembly-plugin、maven-jar-plugin、maven-shade-plugin 等。下面分别介绍这几种打包插件对应的 pom 配置和使用特点。

(1) scala-maven-plugin：以前称为 maven-scala-plugin，用于编译、测试、运行、记录任一 maven 项目的 scala 代码。

(2) maven-assembly-plugin：这个插件可以把所有的依赖包打包为可执行 jar 包，需要在 pom 文件的 plugin 元素中引入才可以使用，功能非常强大，是 Maven 中针对打包任务而提供的标准插件。它是 Maven 的打包插件，支持各种打包文件格式，包括 zip、tar.gz、tar.bz2 等，通过一个打包描述文件设置 (src/main/assembly.xml)，能够帮助用户选择具体打包哪些资源文件集合、依赖、模块，甚至是本地仓库文件，每个文件具体打包路径用户也能自由控制。

该插件的缺点是会缺失 Spring 的 xds 文件，导致无法运行 jar 文件，同时如果同一级别的目录中还有其他可执行 jar 文件，依赖可能会产生冲突。

(3) maven-jar-plugin：可执行 jar 包与依赖包是分开的，需要建立 lib 目录来存放需要的依赖包，且需要 jar 和 lib 目录为同级目录，这也是默认打包方式，所以不写插件也能打 common 包。

(4) maven-shade-plugin：需要在 pom 文件的 plugin 元素中引入才可以使用，它可以让用户配置 Main-Class 的值，然后在打包过程中将值填入文件 /META-INF/MANIFEST.MF 中。关于项目的依赖，它会将依赖的 JAR 文件全部解压后，再将得到的 .class 文件连同当前项目的 .class 文件一起合并到最终的 CLI 包 (可以直接运行的 jar 包) 中，这样在执行 CLI JAR 文件时，所有需要的类就都在 Classpath 路径中了。

4.3.2 打包程序实操

在实际工作应用中，代码编写完成并测试通过后，需要将写好的程序打 jar 包，

然后提交到分布式集群上运行,所以需要配置 Maven 的打包插件,具体配置过程如下:

(1) 在创建的工程文件中找到 pom.xml 文件并打开,找到"dependencies"标签,在该标签下添加"build"标签内容如下:

```xml
<build>
    <finalName>WordCount</finalName>
    <plugins>
        <plugin>
            <groupId>net.alchim31.maven</groupId>
            <artifactId>scala-maven-plugin</artifactId>
            <version>3.4.6</version>
            <executions>
                <execution>
                    <goals>
                        <goal>compile</goal>
                        <goal>testCompile</goal>
                    </goals>
                </execution>
            </executions>
        </plugin>

        <plugin>
            <groupId>org.apache.maven.plugins</groupId>
            <artifactId>maven-assembly-plugin</artifactId>
            <version>3.0.0</version>
            <configuration>
                <archive>
                    <manifest>
                        <mainClass>day01.WordCount</mainClass>
                    </manifest>
                </archive>
                <descriptorRefs>
                    <descriptorRef>jar-with-dependencies</descriptorRef>
                </descriptorRefs>
            </configuration>
            <executions>
                <execution>
                    <id>make-assembly</id>
                    <phase>package</phase>
                    <goals>
```

```
                <goal>single</goal>
            </goals>
        </execution>
    </executions>
    </plugin>
  </plugins>
</build>
```

(2) 添加打包插件后，在 IDEA 工作界面右边找到 Maven 打包工具，单击"package"完成打包，如图 4-28 所示。

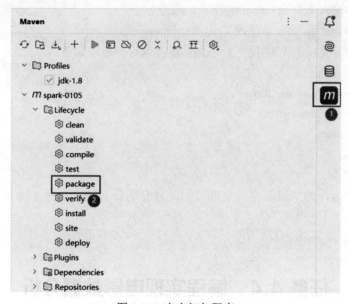

图 4-28　点击打包程序

(3) 打包完成会自动生成 target 目标文件，该文件的位置在 IDEA 开发工具左边，单击 target 目录即可看到 jar 包，如图 4-29 所示。

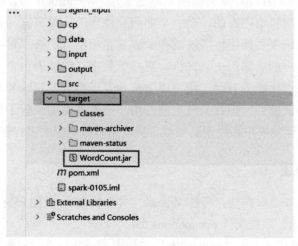

图 4-29　生成的 jar 包

4.3.3 提交 Spark 程序到集群运行

前面的案例执行是在本地环境中运行的,其目的是方便开发调试,但是在实际生产中基本都是在集群中完成,本小节主要介绍如何将打包好的分布式程序提交到集群运行。具体步骤如下:

(1) 将 WordCount.jar 使用 ftp 工具上传到 /opt/module/spark 目录。

(2) 在 HDFS 集群上创建 Spark 程序所需的输入数据目录 /input,命令如下:

```
hadoop fs -mkdir /input
```

(3) 上传输入文件到 /input 路径下,命令如下:

```
hadoop fs -put /opt/module/spark-local-standalone/input/1.txt /input
```

(4) 将 WordCount 程序提交至 Spark 集群运行,命令如下:

```
bin/spark-submit \
--class com.xf.spark.WordCount \
--master spark://master:7077 \
WordCount.jar \
/input \
/output
```

(5) 由于运行的结果保存在集群,因此只有运行 HDFS 命令才能查看结果,命令如下:

```
hadoop fs -cat /output/*
```

任务 4.4 编程实现电影数据分析

4.4.1 项目背景

电影推荐 (MovieLens) 是美国明尼苏达大学 (Minnesota) 计算机科学与工程学院的 GroupLens 项目组创办的,是一个非商业性质的、以研究为目的的实验性站点。电影推荐系统主要使用协同过滤和关联规则相结合的技术对电影数据进行分析,通过分析用户的观影历史、评价、喜好等数据,能够为用户提供个性化的电影推荐。这种个性化服务有助于用户更方便地发现符合其口味和兴趣的电影,从而提升观影体验。此外,推荐系统也能为用户推荐其可能未曾了解但符合其兴趣的新作品,从而促使用户拓展观影领域,提升用户对电影的多样性认知。

4.4.2 数据描述

本案例用到 4 个数据集,分别是评级文件 ratings.dat、用户文件 users.dat、电影文件 movies.dat、职业文件 occupations.dat。

(1) 所有评级都包含在 "ratings.dat" 文件中,一共一万多条数据。该数据集样例如下：

UserID::MovieID::Rating::Timestamp
1::1193::5::978300760
1::661::3::978302109
1::914::3::978301968
1::3408::4::978300275
1::2355::5::978824291

数据集共有 4 个字段，分别为 UserID、MovieID、Rating 和 Timestamp，每个字段使用冒号进行分隔，字段的说明如表 4-1 所示。

表 4-1 数据集字段定义

字　段	说　　明
UserID	每条数据均有对应的用户 ID
MovieID	每条数据均有对应的电影 ID
Rating	评级为 5 星级 (仅限全星评级)，每个用户至少有 20 个评级
Timestamp	时间戳以秒为单位表示

(2) 所有用户信息都包含在 "users.dat" 文件中，格式如下：

UserID::Gender::Age::Occupation::Zip-code
1::F::1::10::48067
2::M::56::16::70072
3::M::25::15::55117

所有人口统计信息均由用户自愿提供，不会检查其准确性。此数据集中仅包含已提供某些人口统计信息的用户。性别："M" 表示男性，"F" 表示女性。年龄选自以下范围：1 表示 "18 岁以下"，18 表示 "18-24"，25 表示 "25-34"，35 表示 "35-44"。

(3) 所有电影信息都包含在 "movies.dat" 文件中，格式如下：

1::Toy Story (1995)::Animation|Children's|Comedy
2::Jumanji (1995)::Adventure|Children's|Fantasy
3::Grumpier Old Men (1995)::Comedy|Romance

数据集共有 3 个字段，分别为 MovieID、Title 和 Genres，每个字段使用冒号进行分隔，字段的说明如表 4-2 所示。

表 4-2 数据集字段定义

字　段	说　　明
MovieID	每条数据均有对应的电影 ID
Title	每条数据均有对应的电影标题
Genres	每条数据均有对应的电影类型

(4) 所有职业信息都包含在 "occupations.dat" 文件中，格式如下：

OccupationID::Occupation
0::other or not specified
1::academic/educator
2::artist

数据集共有 2 个字段，分别为 OccupationID 和 Occupation，每个字段使用冒号进行分隔，字段的说明如表 4-3 所示。

表 4-3 数据集字段定义

字段	说明
OccupationID	每条数据均有对应的职业 ID
Occupation	每条数据均有对应的职业名称

4.4.3 功能需求

了解完电影数据后，还无法立即开始编写代码，需要明确具体的需求。经过对数据进行整理分析，总结出两个功能需求，具体如下：

(1) 统计电影中平均得分最高 (口碑最好) 的电影及观看人数最高的电影 (流行度最高)TopN。

通过找出电影中平均得分最高的电影，可以了解哪些电影最受用户欢迎，从而可以针对这些电影进行更精准的推荐。

(2) 统计最受男性喜爱的电影 TopN 和最受女性喜爱的电影 TopN。

统计最受男性喜爱的电影 TopN 和最受女性喜爱的电影 TopN 的目的在于分析不同性别人群对电影的偏好，从而为电影推荐系统提供性别差异化的推荐策略。通过分析男性和女性对哪些电影表现出更高的兴趣，可以更好地理解不同性别观众的电影消费习惯和喜好，进而优化推荐算法，确保推荐的电影更符合各自性别观众的口味和需求。这种分析有助于提高电影推荐系统的准确性和用户满意度，同时也为电影制作方提供了有价值的市场分析数据，帮助他们更好地了解目标观众群体，从而制作出更受欢迎的电影内容。

4.4.4 需求实现

首先，需要使用 Spark 的 textFile 函数来读取 HDFS 文件，为数据分析做好准备，具体步骤的代码如下：

```
// 创建程序入口对象
val conf: SparkConf = new SparkConf().setMaster("local[*]").setAppName("MovieUsersAnalyzer")
// 设置输入输出路径
    val dataPath: String = "hdfs://master:8020/input//moviedata/medium/"
    val outputDir: String = "hdfs://master:8020/out/movieRecom_out2"
    val startTime: Long = System.currentTimeMillis();
    // 读取数据返回 RDD
```

```
val usersRDD: RDD[String] = sc.textFile(dataPath + "users.dat")
val moviesRDD: RDD[String] = sc.textFile(dataPath + "movies.dat")
val occupationsRDD: RDD[String] = sc.textFile(dataPath + "occupations.dat")
//val ratingsRDD = sc.textFile(dataPath + "ratings.dat")
val ratingsRDD: RDD[String] = sc.textFile(dataPath + "ratings.dat")
```

读取数据后，可完成第一个需求，即统计电影中平均得分最高(口碑最好)的电影及观看人数最高的电影(流行度最高)TopN。

统计得分最高的 Top10 电影的实现思路：

如果想要计算总的评分，那么一般需要进行 reduceByKey 操作或者 aggregateByKey 操作。

第一步：把数据变成 Key-Value，MovieID 设置为 Key，Rating 设置为 Value。

第二步：通过 reduceByKey 操作或者 aggregateByKey 操作实现聚合。

第三步：聚合后排序，进行 Key 和 Value 的交换。

统计得分最高的 Top10 电影的具体代码如下：

```
/**
 * 注意：
 *1. 转换数据格式时一般都会使用 map 操作，有时转换可能特别复杂，需要在 map 方法
中调用第三方 jar 或者 so 库；
 *2. RDD 从文件中提取的数据成员默认都是 String 方式，需要根据实际转换格式；
 *3. 如果要重复使用 RDD，那么一般都会进行 Cache 操作；
 *4. 需要特别注意的是，RDD 的 Cache 操作之后不能直接再与其他算子操作，否则在一
些版本中 cache 不生效。
 */
println("所有电影中平均得分最高(口碑最好)的电影:")
val ratings: RDD[(String, String, String)] = ratingsRDD.map(_.split("::"))
  .map(x => (x(0), x(1), x(2))).cache()
//(MovieID, 平均评分)
ratings.map(x => (x._2, (x._3.toDouble, 1)))          //(MovieID, (Rating, 1))
  .reduceByKey((x, y) => (x._1 + y._1, x._2 + y._2))  //(MovieID, (总评分, 总评分次数))
  .map(x => (x._1, x._2._1.toDouble / x._2._2))       //(MovieID, 平均评分)
  .sortBy(_._2, false) // 对 value 降序排列
  .take(10)
  .foreach(println)

val ratingss: RDD[(String, (Double, Int))] = ratingsRDD.map(_.split("::")).map(x => (x(1), (x(2).toDouble, 1)))
for (elem <- ratingss.collect().take(10)) {
  println(s"elem: ${elem}")
}
ratings.map(x => (x._2, (x._3.toDouble, 1)))
```

```
/**
 * 上述代码的功能是计算口碑最好的电影的评分。接下来分析粉丝或者观看人数最多的
电影
 */
println("所有电影中粉丝或者观看人数最多的电影:")
ratings.map(x => (x._2, 1)).reduceByKey(_+_).map(x => (x._2, x._1)).sortByKey(false)
    .map(x => (x._2, x._1)).take(10).foreach(println)
//(MovieID, 总次数 )
ratings.map(x => (x._2, 1)).reduceByKey(_+_).sortBy(_._2, false).take(10).foreach(println)
```

完成第一个需求后,紧接着完成第二个需求,即统计最受男性喜爱的电影 TopN 和最受女性喜爱的电影 TopN。

单从"ratings.dat"文件中无法计算出最受男性或者女性喜爱的电影 Top10,因为该 RDD 中没有 Gender 信息,所以需要关联"users.dat"文件中的 Gender 数据,具体代码如下:

```
/**
*Tips:
*1. 因为要再次使用电影数据的 RDD,所以复用了前面 Cache 的 ratings 数据
*2. 在根据性别过滤出数据后,关于 TopN 部分的代码直接复用前面的代码。
*3. 若要进行 join,则需要 key-value;
*4. 在进行 join 时需要时刻通过 take 方法。需要注意的是,join 后的数据格式为 (3319,
((3319,50,4.5),F))
*5. 使用数据冗余来实现代码复用或者更高效的运行,这是企业级项目的一个非常重要
的技巧!
*/
val male = "M"
val female = "F"
val ratings2: RDD[(String, (String, String, String))] = ratings.map(x => (x._1, (x._1, x._2, x._3)))
val usersRDD2: RDD[(String, String)] = usersRDD.map(_.split("::")).map(x => (x(0), x(1)))
val genderRatings: RDD[(String, ((String, String, String), String))] = ratings2.join(usersRDD2).cache()
//genderRatings.take(500).foreach(println)

val maleRatings: RDD[(String, String, String)] = genderRatings.filter(x => x._2._2.equals("M"))
    .map(x => x._2._1)
val femaleRatings: RDD[(String, String, String)] = genderRatings.filter(x => x._2._2.endsWith("F"))
    .map(x => x._2._1)

println(" 所有电影中最受男性喜爱的电影 Top10: ")
maleRatings.map(x => (x._2, (x._3.toDouble, 1))).reduceByKey((x, y) => (x._1 + y._1, x._2 + y._2))
    .map(x => (x._1, x._2._1.toDouble / x._2._2))
```

```
    .sortBy(_._2, false)
    .take(10)
    .foreach(println)

println(" 所有电影中最受女性喜爱的电影 Top10: ")
femaleRatings.map(x => (x._2, (x._3.toDouble, 1))).reduceByKey((x, y) => (x._1 + y._1, x._2 + y._2))
    .map(x => (x._1, x._2._1.toDouble / x._2._2))
    .sortBy(_._2, false)
    .take(10)
    .foreach(println)
```

创新学习

本部分内容以二维码的形式呈现，可扫码学习。

能力测试

1. (单选题) 下列方法中，不是用于创建 RDD 的方法是 (　　)。
   A. makeRDD()　　　　　　　B. parallelize()
   C. textFile()　　　　　　　D. testFile()

2. (单选题) 下列选项中，(　　) 不属于转换算子操作。
   A. filter()　　　　　　　　B. map()
   C. reduce()　　　　　　　　D. reduceByKey()

3. (单选题) 下列选项中，能使 RDD 产生宽依赖的是 (　　)。
   A. map()　　　　　　　　　B. filter()
   C. union()　　　　　　　　D. groupByKey()

4. (判断题)RDD 采用了惰性调用，即在 RDD 的处理过程中，真正的计算发生在 RDD 的"行动"操作。(　　)

5. (判断题) 宽依赖是指每一个父 RDD 的 Partition(分区) 最多被子 RDD 的一个 Partition 使用。(　　)

6. (判断题) 如果一个有向图可以从任意顶点出发经过若干条边回到该点，则这个图就是有向无环图。(　　)

7. (判断题) 窄依赖是划分 Stage 的依据。(　　)

8. 简述 RDD 提供的两种故障恢复方法。

9. 简述如何在 Spark 中划分 Stage。

项目五　银行客户数据分析

项目导入

完成银行客户数据分析任务需要掌握 Spark SQL、DataFrame API 基础操作、数据源和格式的用法。本项目将学习使用 IntelliJ IDEA 工具操作数据预处理和准备、数据探索与分析以及客户行为分析。

知识目标

- 掌握 Spark SQL 概述。
- 掌握性能优化与调优。
- 了解银行客户数据简介。

能力目标

- 能够进行 DataFrame API 基础操作。
- 能够实现客户行为分析。

素质目标

- 如何确保数据的安全和隐私，以及遵守相关法规和道德准则。
- 改善客户服务、预防欺诈和支持金融包容性，以实现社会责任感。

项目导学

银行业务会产生大量的客户数据，包括存款、取款、交易、贷款等信息。这些数据潜藏着宝贵的信息，可以帮助银行更好地了解客户的行为，提供个性化服务，降低风险，并做出战略决策。银行客户数据分析是一项重要的任务，旨在从大规模数据集中提取有价值的信息。

在本项目中，将使用 Spark SQL 来进行银行客户数据分析。通过从银行数据中提取有关客户行为、趋势和模式的信息，以支持业务决策和战略决策。

任务 5.1 认识 Spark SQL

5.1.1 Spark SQL 概述

随着 Spark 技术的演进，Spark SQL 为结构化数据处理带来了显著的变化。Spark SQL 引入 DataFrame 的概念是其中一项重要的创新，DataFrame 类似于传统关系型数据库表，拥有命名列和数据类型。DataFrame 数据结构不仅更加直观，而且通过 Spark SQL 的 DataFrame API 可以进行高度优化，从而实现更出色的性能。这使得开发者可以使用熟悉的编程语言 (如 Scala、Java、Python) 进行结构化查询，以便更快地处理和分析数据。

为了进一步提升查询性能，Spark SQL 引入了 Catalyst 查询优化器。Catalyst 可以对查询执行计划进行逻辑和物理优化，通过查询重写和应用常见优化规则，大幅提高查询执行效率。这个优化器的引入可以进一步提高 Spark SQL 的处理能力，使其能够自动优化查询计划，最大限度地减少资源浪费。

Spark SQL 不断丰富对多种数据源的支持，包括 Parquet、JSON、Avro、CSV 等格式。这使用户能够方便地将各种数据导入 Spark SQL 以供处理和分析，从而更好地满足不同的数据处理需求。

为了提高用户友好性，Spark SQL 不断增强对标准 SQL 语法的支持。这有助于熟悉 SQL 查询语言的用户能够平滑过渡到 Spark SQL 平台，同时能够充分利用其强大的数据处理能力。此外，Spark SQL 的可扩展性不断提升，能够在大规模集群上运行，以应对数据规模和处理需求的不断增长。

在大数据处理潮流下，Spark SQL 已成为处理和分析结构化数据的核心工具之一。它不仅是基于 Apache Spark 平台构建的一个模块，更是引领了一种全新的数据处理思维方式。无论是在性能、灵活性还是可扩展性方面，Spark SQL 都在不断演进，为数据处理领域带来了巨大的推动力。

1. 数据和计算的结构化视角

与传统的大数据处理方式不同，Spark SQL 引入了数据和计算的结构化视角。通过提供丰富的数据结构信息，使得 Spark 能够更好地理解数据的组织方式和执行中的计算过程。这种结构化视角不仅局限于数据的模式，还包括计算过程中的各个环节。

2. 内部优化引擎的加持

Spark SQL 内部的优化引擎基于结构化视角对数据和计算进行优化操作，使查询执行速度显著提升，同时减少资源消耗。无论使用 SQL 还是 Dataset API，该优化引擎都能保持一致的高效性能。

3. 多种交互方式的灵活性

Spark SQL 提供了多种交互方式，包括 SQL 查询和 Dataset API。不论是习惯于使用 SQL 还是更倾向于编程的方式，都可以轻松地与 Spark SQL 进行交互。而且，不管使用哪种方式，最终都会使用相同的执行引擎，保证了一致的处理效果和性能。

4. API 的无缝切换

Spark SQL 多交互方式的存在使得开发人员可以在不同的 API 之间无缝切换。如果使用 SQL 能更自然地表达某种数据转换，那么可以使用 SQL 进行操作。如果需要编程的灵活性和控制力，可以改用 Dataset API。这种灵活性让开发人员能够更加自由地选择适合自己的方式处理数据。

5.1.2 数据表示与处理

在 Spark SQL 中，数据表示与处理是构建于 Apache Spark 引擎之上的关键组成部分。通过引入 DataFrame 和 Catalyst 查询优化器，Spark SQL 提供了一种强大且高效的方式来操作和分析结构化数据。

DataFrame 是 Spark SQL 的核心数据抽象，类似于关系型数据库中的表。它由一系列命名列组成，每列都有指定的数据类型。DataFrame 可以看作是一个分布式的、不可变的数据集合，以表格形式表示数据，每行对应记录，每列对应字段。这种结构化的数据表示使得数据能够更加直观地组织和操作。

在 DataFrame 中，数据类型和模式起着关键作用。数据类型定义了每列的内容类型，如整数、字符串、日期等。模式是 DataFrame 的元数据，它描述了每列的名称、数据类型和其他属性。模式的存在使得 Spark SQL 在处理数据时能够更准确地了解数据的结构，从而进行更有效的优化和操作。

Spark SQL 提供了多种查询和转换操作，让用户能够从数据中提取有价值的信息。用户可以使用标准 SQL 查询语句以执行各种数据操作，从简单的筛选和聚合到复杂的多表连接。此外，DataFrame API 也允许用户使用编程语言（如 Scala、Java、Python）来执行数据操作。这两种方式的背后都是 Spark SQL 引擎，确保了高效的执行和优化。

Catalyst 查询优化器是 Spark SQL 的核心引擎之一，负责将用户的查询和转换操作进行优化。它通过逻辑和物理优化来重写查询计划，以提高执行效率。Catalyst 可以根据查询的逻辑结构应用一系列优化规则，然后生成更高效的物理执行计划。这种优化过程在后台自动进行，用户无须手动干预。

Spark SQL 还支持用户自定义函数 (User Defined Function，UDF)，允许用户根据特定需求编写自己的函数，并将其应用于查询和转换操作。这使得用户可以扩展 Spark SQL 的功能，处理自定义数据类型或执行特定的数据处理逻辑。

Spark SQL 的数据表示和处理机制使得开发人员能够以更高效、结构化的方式操作和分析数据。Spark SQL 通过 DataFrame、模式定义、查询优化和用户自定义函数，为开发人员提供了强大的数据处理工具，使他们能够从大规模数据中挖掘出潜在价值。无论是简单的数据筛选还是复杂的多表操作，Spark SQL 的灵活性和性能优势都为数据分析提供了坚实的基础。

5.1.3 SQL 查询与优化

Spark SQL 是一个强大的工具，用于在 Apache Spark 平台上执行结构化数据的查询和分析操作。在 Spark SQL 中，查询的执行过程经历了多个阶段，包括查询解析、逻辑优化、物理优化和执行阶段。下面通过一个示例来了解这些阶段是如何相互作用的。

假设有一个包含销售数据的表格，内容包括销售日期、产品名称、销售数量和销售金额，如表 5-1 所示。目标为从这个表格中找出每个产品的总销售数量和总销售金额，然后按销售金额降序排列。

表 5-1　销　售　数　据

销售日期	产品名称	销售数量 / 个	销售金额 / 万元
2023-07-01	Product A	10	100
2023-07-01	Product B	15	150
2023-07-02	Product A	20	200
2023-07-02	Product B	25	250
…	…	…	…

使用 Spark SQL 编写查询语句来实现目标，代码如下：

```
SELECT
    movie_type,
    AVG(rating) AS avg_rating
FROM
    movies
GROUP BY
    movie_type
ORDER BY
    avg_rating DESC;
```

1. 查询解析

Spark SQL 引擎会解析查询语句，识别出 SELECT、FROM、GROUP BY 和 ORDER BY 等关键字，并确定需要查询的数据表和字段。

2. 逻辑优化

一旦查询被解析，Catalyst 查询优化器就会介入。它会将查询转化为逻辑执行计划，该计划描述了查询的逻辑操作顺序，而不涉及具体的物理执行细节。在这个示例中,优化器可能会注意到 GROUP BY 和聚合操作,尝试将它们重排以减少数据移动。

3. 物理优化

优化器将逻辑执行计划转化为物理执行计划。物理执行计划决定了实际的执行方式,包括数据如何分区、哪些操作可以并行执行等。优化器可能会选择合适的分区进行聚合操作,以减少数据的传输和处理。

4. 查询执行

Spark SQL 引擎根据物理执行计划执行查询。数据将被读取、聚合和排序,最终生成结果集。这一阶段的执行是基于优化后的物理执行计划进行的,以确保高效的查询执行。

通过这个示例,可以看到 Spark SQL 如何将查询的逻辑和物理优化相结合,从而实现高效的数据查询。Catalyst 查询优化器通过重写查询计划,选择最佳的执行策略,并自动地进行物理优化,从而最大程度地提升查询性能。这种优化过程使得开发人员可以专注于查询的逻辑,而无须过多担心具体的执行细节。

任务 5.2　Spark SQL 基础

5.2.1　DataFrame API 基础操作

在 IntelliJ IDEA 中打开一个基于 Maven 的 Scala 项目 pom.xml 文件,添加 Spark 依赖。可以根据需要添加不同版本的 Spark 依赖,这里以 Spark 3.4.0 为例,添加配置如下:

```xml
<dependencies>
    <!-- Spark Dependency -->
    <dependency>
        <groupId>org.apache.spark</groupId>
        <artifactId>spark-core_2.13</artifactId>
        <version>3.4.0</version>
    </dependency>
    <dependency>
        <groupId>org.apache.spark</groupId>
        <artifactId>spark-sql_2.13</artifactId>
        <version>3.4.0</version>
    </dependency>
    <!-- Scala Dependency -->
    <dependency>
        <groupId>org.scala-lang</groupId>
        <artifactId>scala-library</artifactId>
```

```
    <version>2.13.8</version>
    </dependency>
</dependencies>
```

在 src/main/scala 目录下，创建一个 Scala 类文件，如 DataFrameBasicOperations.scala。

在 Scala 类中编写使用 DataFrame API 的基本操作代码。下面的示例代码演示了如何创建 DataFrame、显示数据和进行筛选操作。首先导入所需的 SparkSession 和 DataFrame 类，然后创建一个名为 DataFrameBasicOperations 的对象，并在 main 方法中初始化 SparkSession，设置应用程序名称为 "DataFrameBasicOperations"，代码如下：

```
import org.apache.spark.sql.{SparkSession, DataFrame}
import org.apache.spark.sql.functions._

object DataFrameBasicOperations {
  def main(args: Array[String]): Unit = {
    val spark = SparkSession.builder()
      .appName("DataFrameBasicOperations")
      .getOrCreate()
```

创建一个示例数据集 data，其中包含 "id"、"product_name" 和 "price" 这三个列。使用 SparkSession 的 createDataFrame 方法将这个数据集转换成一个 DataFrame，并为 DataFrame 的列命名为 columns 中定义的列名，代码如下：

```
// 读取示例数据为 DataFrame
val data: List[(Int, String, Double)] = List(
  (1, "Product A", 100.0),
  (2, "Product B", 150.0),
  (3, "Product C", 200.0)
)
val columns = Seq("id", "product_name", "price")
val df: DataFrame = spark.createDataFrame(data).toDF(columns: _*)
```

下面的代码中展示了如何使用 show 方法来显示 DataFrame 的内容。这将显示 DataFrame 的前 20 行数据，代码如下：

```
//1. 显示 DataFrame 数据
df.show()
```

使用 columns 方法获取 DataFrame 的所有列名，将其保存在名为 columnNames 的数组中，代码如下：

```
//2. 获取 DataFrame 列名
val columnNames: Array[String] = df.columns
```

通过使用 head 方法，可以获取 DataFrame 的前两行数据，并将结果保存在名为 firstNRows 的数组中，代码如下：

//3. 获取 DataFrame 的前 n 行数据
val firstNRows: Array[Row] = df.head(2)

通过使用 count 方法，可以获取 DataFrame 的行数，并将结果保存在名为 rowCount 的变量中，代码如下：

//4. 统计 DataFrame 行数
val rowCount: Long = df.count()

通过使用 filter 方法，可以筛选出价格大于 150 的数据，并将结果保存在名为 filteredDF 的 DataFrame 中，代码如下：

//5. 筛选出价格大于 150 的数据
val filteredDF: DataFrame = df.filter(col("price") > 150)

通过使用 agg 方法和 avg 函数，可以对 DataFrame 中的价格列求平均值。然后，通过 collect 方法和索引来获取平均值，并将结果保存在名为 avgPrice 的变量中，代码如下：

//6. 对价格列求平均值
val avgPrice: Double = df.agg(avg("price")).collect()(0)(0).asInstanceOf[Double]

通过使用 withColumn 方法，可以添加一个名为 "discounted_price" 的新列，该列的值为 "price" 列的值乘以 0.9，并将结果保存在名为 dfWithNewColumn 的 DataFrame 中，代码如下：

//7. 添加新列
val dfWithNewColumn: DataFrame = df.withColumn("discounted_price", col("price") * 0.9)

通过使用 withColumnRenamed 方法，可以将列名 "product_name" 重命名为 "item_name"，并将结果保存在名为 renamedDF 的 DataFrame 中，代码如下：

//8. 重命名列
val renamedDF: DataFrame = df.withColumnRenamed("product_name", "item_name")

通过使用 sort 方法和 col 函数，可以对 DataFrame 按照 "price" 列的值进行升序排列，并将结果保存在名为 sortedDF 的 DataFrame 中，代码如下：

//9. 按价格升序排序
val sortedDF: DataFrame = df.sort(col("price"))

通过使用 groupBy 方法，可以按 "product_name" 列的值进行分组，并使用 agg 方法和 avg 函数对每个分组的 "price" 列求平均值，并将结果保存在名为 avgPriceByGroup 的 DataFrame 中，代码如下：

//10. 分组并聚合求平均值
val avgPriceByGroup: DataFrame = df.groupBy("product_name").agg(avg("price"))

类似于上述操作，按照 "product_name" 和 "id" 两列的值进行分组，使用 agg 方法和 avg 函数对每个分组的 "price" 列求平均值，并将结果保存在名为 avgPriceByMultiGroup 的 DataFrame 中，代码如下：

//11. 按照多列分组并聚合
val avgPriceByMultiGroup: DataFrame = df.groupBy("product_name", "id").agg(avg("price"))

通过使用 filter 方法，可以使用 SQL 表达式筛选出价格大于 150 的数据，并将结果保存在名为 sqlFilteredDF 的 DataFrame 中，代码如下：

```
//12. 使用 SQL 表达式进行筛选
val sqlFilteredDF: DataFrame = df.filter("price > 150")
```

通过使用 selectExpr 方法，可以选择 "product_name" 列，计算一个名为 "increased_price" 的新列，该列的值为 "price" 列的值乘以 1.1，并将结果保存在名为 selectedDF 的 DataFrame 中，代码如下：

```
//13. 使用 selectExpr 选择并计算新列
val selectedDF: DataFrame = df.selectExpr("product_name", "price * 1.1 as increased_price")
```

通过使用 drop 方法，可以删除 "id" 列，并将结果保存在名为 dfWithoutColumn 的 DataFrame 中，代码如下：

```
//14. 删除列
val dfWithoutColumn: DataFrame = df.drop("id")
```

通过使用 distinct 方法，可以对 DataFrame 进行去重操作，并将结果保存在名为 distinctDF 的 DataFrame 中，代码如下：

```
//15. 使用 distinct 去重
val distinctDF: DataFrame = df.distinct()
```

通过使用 createOrReplaceTempView 方法，可以将 DataFrame 转换为一个名为 "products" 的临时表，以便可以通过 SQL 查询进行操作，代码如下：

```
//16. 将 DataFrame 转换为临时表
df.createOrReplaceTempView("products")
```

通过使用 spark.sql 方法执行 SQL 查询，查询临时表 "products" 中价格大于 150 的数据，并将结果保存在名为 sqlResult 的 DataFrame 中，代码如下：

```
//17. 使用 SQL 查询临时表
val sqlResult: DataFrame = spark.sql("SELECT * FROM products WHERE price > 150")
```

通过使用 collect 方法，可以将 DataFrame 转换为本地数组，并将结果保存在名为 localArray 的数组中，代码如下：

```
//18. 使用 collect 将 DataFrame 转为本地数组
val localArray: Array[Row] = df.collect()
```

首先创建一个示例的 otherData 数据集，并创建一个列名为 otherColumns 的序列。然后使用 createDataFrame 方法将 otherData 转换为 DataFrame，并将结果保存在名为 otherDF 的 DataFrame 中。最后通过使用 join 方法将原始的 DataFrame df 和 otherDF 进行连接，并将连接结果保存在名为 joinedDF 的 DataFrame 中，代码如下：

```
//19. 使用 join 连接两个 DataFrame
val otherData: List[(Int, String)] = List((1, "Supplier A"), (2, "Supplier B"))
val otherColumns = Seq("id", "supplier_name")
val otherDF: DataFrame = spark.createDataFrame(otherData).toDF(otherColumns: _*)
val joinedDF: DataFrame = df.join(otherDF, Seq("id"))
```

类似上述操作，首先创建一个示例的 additionalData 数据集，并使用 createDataFrame 方法将其转换为 DataFrame。然后通过使用 union 方法，将原始的 DataFrame df 和 additionalDF 进行合并，并将合并结果保存在名为 combinedDF 的 DataFrame 中，代码如下：

```
// 20. 使用 union 合并两个 DataFrame
val additionalData: List[(Int, String, Double)] = List((4, "Product D", 300.0))
val additionalDF: DataFrame = spark.createDataFrame(additionalData).toDF(columns: _*)
val combinedDF: DataFrame = df.union(additionalDF)
```

使用 spark.stop() 函数关闭 SparkSession，释放资源，代码如下：

```
// 关闭 SparkSession
spark.stop()
  }
}
```

5.2.2 数据源和格式

Spark SQL 提供了广泛的数据源和格式支持，以便在分析和处理数据时能够更好地满足不同的业务需求和现实场景。这些数据源和格式的多样性使得 Spark SQL 成为一个强大的工具，能够处理多种数据类型和存储方式。以下是一些常见的数据源和格式。

(1) Parquet：Parquet 是一种列式存储格式，适用于大规模数据仓库和数据湖的数据存储。它提供了高效的压缩和列式存储功能，从而减少了存储和读取开销。

(2) ORC：ORC(Optimized Row Columnar，优化行列存储) 是另一种列式存储格式，特别优化了 Hive 和 Spark 中的查询性能，同时也支持压缩和谓词下推等优化。

(3) JSON：JSON(JavaScript Object Notation，JavaScript 对象表示法) 是一种常见的半结构化数据格式，用于存储和交换数据。Spark SQL 可以轻松读取和解析 JSON 格式的数据。

(4) CSV：CSV(Comma-Separated Values，逗号分隔值) 是一种常用的文本文件格式，用于存储表格数据。Spark SQL 可以从 CSV 文件中读取数据，并将其解析为 DataFrame。

(5) Avro：Avro 是一种数据序列化格式，具有架构定义和自我描述能力。它适用于大规模数据的存储和处理。

(6) JDBC 数据源：Spark SQL 支持通过 JDBC 连接到关系型数据库，从而可以在分布式环境中对数据库中的数据进行查询和分析。

(7) Hive 数据源：Spark SQL 兼容 Hive 的数据存储和元数据，可以直接读取 Hive 表和数据。

(8) Elasticsearch：Spark SQL 可以与 Elasticsearch 集成，从中读取和写入数据，实现搜索和分析操作。

(9) Cassandra：Spark SQL 支持与 Apache Cassandra 集成，用于读取和写入

Cassandra 数据库中的数据。

（10）Kafka：Spark SQL 可以消费 Kafka 主题中的数据，并将其转换为 DataFrame 进行分析。

1. 支持多种数据源和格式的原因

不同的业务场景和数据来源可能需要不同的数据存储格式和数据源支持，主要原因如下：

（1）数据来源的多样性：组织可能从多个数据源获取数据，这些数据源可能使用不同的存储格式。支持多种数据源和格式有助于处理来自不同渠道的数据。

（2）数据存储和性能优化：某些格式适用于不同类型的查询和分析操作。例如，列式存储格式（如 Parquet 和 ORC）适用于分析型查询，而 JSON 和 Avro 适用于半结构化数据。

（3）遗留系统和数据迁移：组织可能在不同的时间点使用不同的数据存储格式。支持多种格式使得数据从遗留系统迁移到新系统变得更加容易。

（4）生态系统集成：不同的存储格式和数据源可能在不同的生态系统中得到广泛支持。通过支持多种格式，可以更好地集成 Spark SQL 到不同的生态系统中。

2. 代码演示

下面是使用 Spark SQL 读取不同数据源和格式的数据，并将数据保存成对应格式的示例代码：

首先导入 SparkSession 和 Row，这两个类分别是 Spark SQL 的入口点和用于表示行的类，代码如下：

```
import org.apache.spark.sql.{SparkSession, Row}
```

接着创建一个名为 DataSourcesAndFormatsDemo 的对象，并在其中定义一个 Product 的 case class。这个 case class 用于表示数据，包含 id、name 和 price 三个字段，代码如下：

```
object DataSourcesAndFormatsDemo {
  case class Product(id: Int, name: String, price: Double)
```

在 main 方法中，创建一个 SparkSession 实例，这是 Spark SQL 的入口点。设置应用程序名称为 "DataSourcesAndFormatsDemo"，代码如下：

```
def main(args: Array[String]): Unit = {
  val spark = SparkSession.builder()
    .appName("DataSourcesAndFormatsDemo")
    .getOrCreate()
```

导入 spark 实例的 implicits，以便能够使用 DataFrame 的操作和方法，代码如下：

```
import spark.implicits_
```

创建一个包含示例数据的列表 products，其中包括 3 个 Product 对象。使用 toDF() 方法将列表转换为 DataFrame，并将结果保存在名为 productsDF 的变量中，代码如下：

```
// 创建示例数据
val products = List(
  Product(1, "Product A", 100.0),
  Product(2, "Product B", 150.0),
  Product(3, "Product C", 200.0)
  )
val productsDF = products.toDF()
```

通过使用 write.parquet 方法，将 DataFrame 中的数据保存为 Parquet 格式的文件，路径为 "path/to/save/parquet/data"，代码如下：

```
// 将数据保存为 Parquet 格式
productsDF.write.parquet("path/to/save/parquet/data")
```

类似上述操作，这里使用 write.json 方法将 DataFrame 中的数据保存为 JSON 格式的文件，路径为 "path/to/save/json/data"，代码如下：

```
// 将数据保存为 JSON 格式
productsDF.write.json("path/to/save/json/data")
```

类似上述操作，这里使用 write.csv 方法将 DataFrame 中的数据保存为 CSV 格式的文件，路径为 "path/to/save/csv/data"，代码如下：

```
// 将数据保存为 CSV 格式
productsDF.write.csv("path/to/save/csv/data")
```

类似上述操作，这里使用 spark.read.parquet 方法从 Parquet 格式的文件中读取数据，并将结果保存在名为 parquetDF 的 DataFrame 中，代码如下：

```
// 从 Parquet 格式读取数据
val parquetDF = spark.read.parquet("path/to/save/parquet/data")
```

类似上述操作，这里使用 spark.read.json 方法从 JSON 格式的文件中读取数据，并将结果保存在名为 jsonDF 的 DataFrame 中，代码如下：

```
// 从 JSON 格式读取数据
val jsonDF = spark.read.json("path/to/save/json/data")
```

类似上述操作，这里使用 spark.read.csv 方法从 CSV 格式的文件中读取数据，并将结果保存在名为 csvDF 的 DataFrame 中，代码如下：

```
// 从 CSV 格式读取数据
val csvDF = spark.read.csv("path/to/save/csv/data")
```

使用 show 方法显示从不同格式的文件中读取的数据。首先，分别显示 Parquet、JSON 和 CSV 的数据。然后，使用 spark.stop() 函数关闭 SparkSession，释放资源，代码如下：

```
// 显示读取的数据
println("Parquet Data:")
parquetDF.show()
```

```
println("JSON Data:")
jsonDF.show()

println("CSV Data:")
csvDF.show()

// 关闭 SparkSession
spark.stop()
  }
}
```

任务 5.3　Spark SQL 进阶操作

5.3.1　高级操作与功能

Spark SQL 具备很多高级特性，以下是一些常用的 Spark SQL 高级操作。

(1) 窗口函数 (Window Functions)：窗口函数有一种强大的功能，允许在特定窗口内的数据集上进行聚合操作，如排名、移动平均、累积求和等。通过定义窗口规范，可以在数据的特定分区中执行计算，使分析更加灵活和高效。例如，可按部门对员工薪水进行排名，或计算各部门中员工的薪水总和。

(2) 复杂数据类型操作：Spark SQL 支持复杂数据类型，如数组、结构和映射。因此 Spark SQL 可以处理和操作嵌套的数据结构，例如从数组中提取元素，访问结构字段或映射键值对。这个功能对于处理半结构化数据非常有用，如 JSON 数据。

(3) 透视表 (Pivot Table) 和交叉表 (CrossTab)：透视表和交叉表是数据分析的重要工具，允许将数据按照不同的维度进行汇总和分析。Spark SQL 通过 Pivot 和 CrossTab 操作，可以在数据集中创建透视表和交叉表，以便更好地理解数据的关系和趋势。

(4) UDF：用户自定义函数允许定义自己的函数，以便在 SQL 查询中使用自定义的逻辑和计算。这允许在查询中使用特定领域的操作，从而更好地满足业务需求。通过 UDF 可以将自定义转换和计算逻辑嵌入到查询中。

(5) 外部数据源集成：Spark SQL 允许与多种外部数据源集成，通过实现 DataSourceV2 接口，可以连接各种不同的数据格式和存储，能够处理不同的数据源，而不必事先将其转换为 Spark SQL 的标准格式。

(6) 临时视图和全局视图：临时视图和全局视图是 Spark SQL 中的一种重要工具，它们允许将 DataFrame 注册为临时表，以便在查询中使用。临时视图只在当前会话中有效，而全局视图则可以在多个会话中共享。

(7) 动态执行计划 (Dynamically Generated Execution Plans)：Spark SQL 具有动

态生成执行计划的能力,这意味着查询优化器可以根据查询的特性和数据分布自动调整执行计划,以获得更好的性能。

(8) 数据倾斜处理:当数据分布不均时,可能导致查询性能下降。Spark SQL 提供了处理数据倾斜的技术,如使用 repartition 和 coalesce 进行分区重分布,以使查询在分布式环境中更加均衡。

(9) 查询优化器:Spark SQL 内置了查询优化器,它能够自动优化查询计划,以执行更有效的物理操作。这包括谓词下推、投影消除、自适应查询执行等优化。

(10) 分布式 SQL 集成:通过与分布式 SQL 查询引擎集成,如 Presto 等,Spark SQL 可以进行更复杂的 SQL 查询和分析。这允许在 Spark SQL 中运行更复杂的查询,而无须将其转换为 Spark SQL 的语法。

(11) 动态查询策略:动态查询策略可以根据数据的特性和分布选择最佳的查询执行策略,以提高 Spark SQL 的性能。这种灵活性允许 Spark SQL 在不同情况下自动选择适当的优化策略。

下面对常规的 Spark SQL 高级操作与功能进行演示说明。

1. 窗口函数

Spark SQL 提供了多种窗口函数,用于在窗口内进行聚合和分析操作。以下是一些常见的窗口函数:

(1) rank():计算排名,相同值会得到相同的排名,下一个排名会跳过相同的排名数量。

(2) dense_rank():计算密集排名,相同值会得到相同的密集排名,下一个排名不会跳过相同的排名数量。

(3) row_number():计算行号,按照窗口规范的顺序分配唯一的行号。

(4) lead():获取窗口内下一行的值,可以指定偏移量来获取更远的行。

(5) lag():获取窗口内上一行的值,可以指定偏移量来获取更远的行。

(6) first_value():获取窗口内第一行的值。

(7) last_value():获取窗口内最后一行的值。

(8) sum():计算窗口内数值列的总和。

(9) avg():计算窗口内数值列的平均值。

(10) min():计算窗口内数值列的最小值。

(11) max():计算窗口内数值列的最大值。

(12) count():计算窗口内的行数。

(13) percent_rank():计算百分比排名,以 0~1 之间的分数表示。

(14) cume_dist():计算累积分布,以 0~1 之间的分数表示。

下面演示几个常用窗口函数的使用,代码如下:

```
import org.apache.spark.sql.SparkSession
import org.apache.spark.sql.expressions.Window
```

```scala
import org.apache.spark.sql.functions._

object WindowFunctionDemo {
  case class Employee(name: String, department: String, salary: Double)

  def main(args: Array[String]): Unit = {
    val spark = SparkSession.builder()
      .appName("WindowFunctionDemo")
      .getOrCreate()

    import spark.implicits._

    val employees = List(
      Employee("Alice", "HR", 50000.0),
      Employee("Bob", "IT", 60000.0),
      Employee("Charlie", "IT", 55000.0),
      Employee("David", "HR", 45000.0),
      Employee("Eva", "Sales", 70000.0)
    )
    val employeesDF = employees.toDF()

    // 定义窗口规范，按照部门分区，并按薪水降序排列
    val windowSpec = Window.partitionBy("department").orderBy($"salary".desc)

    // 使用 rank() 计算部门内薪水排名
    val rankedDF = employeesDF.withColumn("rank", rank().over(windowSpec))

    // 使用 dense_rank() 计算部门内密集排名
    val denseRankedDF = employeesDF.withColumn("dense_rank", dense_rank().over(windowSpec))

    // 使用 row_number() 计算行号
    val rowNumberedDF = employeesDF.withColumn("row_number", row_number().over(windowSpec))

    rankedDF.show()
    denseRankedDF.show()
    rowNumberedDF.show()

    // 关闭 SparkSession
    spark.stop()
  }
}
```

在上述示例中，使用了rank()、dense_rank()和row_number()窗口函数来计算员工薪水在每个部门内的排名、密集排名和行号。每个窗口函数都通过窗口规范定义分区和排序方式，然后在数据集上应用相应的窗口函数。执行后，将看到每个部门内的员工排名、密集排名和行号。

2. 透视表和交叉表

透视表和交叉表是在数据分析中常用的工具，用于将数据按照不同的维度进行汇总和分析，从而更好地理解数据的分布和关系。

透视表是一种在数据表中重新排列和汇总数据的方法，它将一列数据作为行标签，另一列数据作为列标签，然后在交叉点处显示汇总数据。透视表的目的是帮助分析人员从不同的角度查看数据，以便更好地观察数据的趋势和关系。

交叉表是一种汇总数据的方式，它将两列数据的交叉点进行统计，并显示在一个表格中。交叉表通常用于显示两个不同维度的数据之间的关联和分布情况，从而帮助分析人员更好地理解数据的交叉关系。

下面分别演示如何使用Spark SQL进行透视表和交叉表操作。

透视表操作示例，代码如下：

```scala
import org.apache.spark.sql.SparkSession

object PivotTableDemo {
  case class SalesRecord(product: String, month: String, amount: Double)

  def main(args: Array[String]): Unit = {
    val spark = SparkSession.builder()
      .appName("PivotTableDemo")
      .getOrCreate()

    import spark.implicits._

    val salesData = List(
      SalesRecord("TV", "January", 2000.0),
      SalesRecord("Mobile", "January", 1500.0),
      SalesRecord("Laptop", "February", 1800.0),
      SalesRecord("TV", "February", 2200.0)
    )
    val salesDF = salesData.toDF()

    // 创建透视表
    val pivotTableDF = salesDF.groupBy("product").pivot("month").sum("amount")
```

```
        pivotTableDF.show()

        // 关闭 SparkSession
        spark.stop()
    }
}
```

交叉表操作示例，代码如下：

```
import org.apache.spark.sql.SparkSession

object CrossTabDemo {
  case class SalesRecord(product: String, category: String, amount: Double)

  def main(args: Array[String]): Unit = {
    val spark = SparkSession.builder()
      .appName("CrossTabDemo")
      .getOrCreate()

    import spark.implicits._

    val salesData = List(
      SalesRecord("TV", "Electronics", 2000.0),
      SalesRecord("Mobile", "Electronics", 1500.0),
      SalesRecord("Laptop", "Electronics", 1800.0),
      SalesRecord("Shirt", "Clothing", 500.0),
      SalesRecord("Jeans", "Clothing", 700.0)
    )
    val salesDF = salesData.toDF()

    // 创建交叉表
    val crossTabDF = salesDF.crosstab("product", "category")

    crossTabDF.show()

    // 关闭 SparkSession
    spark.stop()
  }
}
```

在上述示例中，透视表操作将销售数据按照产品和月份进行汇总，以显示每个产品在不同月份的销售额。而交叉表操作将销售数据按照产品和类别进行汇总，以显示不同产品在不同类别下的销售额分布情况。

3. UDF

UDF 是 Spark SQL 中的一项强大功能，允许定义自己的函数，以在 SQL 查询中使用自定义逻辑和计算。以下是一些常见的用户自定义函数类型：

(1) 标量函数 (Scalar Functions)：这是最常见的 UDF 类型，它接受一行输入并返回一个值。标量函数可用于执行单个值的计算，如对单个列进行转换或应用特定逻辑。

(2) 聚合函数：是用于计算一组值的单一结果的函数。可以自定义聚合函数，以在 SQL 查询中执行自定义的聚合操作，如计算中位数、加权平均等。

(3) 窗口函数：用户自定义窗口函数可以在窗口内进行聚合和分析操作。这允许在窗口内执行自定义的聚合计算，如在特定范围内计算累积和、移动平均等。

下面分别演示如何创建和使用标量函数、聚合函数和窗口函数的用户自定义函数。

标量函数示例，代码如下：

```scala
import org.apache.spark.sql.SparkSession
import org.apache.spark.sql.functions.udf

object ScalarUDFDemo {
  def main(args: Array[String]): Unit = {
    val spark = SparkSession.builder()
      .appName("ScalarUDFDemo")
      .getOrCreate()

    import spark.implicits._

    // 创建标量函数
    val toUpperCaseUDF = udf((s: String) => s.toUpperCase())

    val data = List("apple", "banana", "orange")
    val df = data.toDF("fruit")

    // 使用标量函数
    val resultDF = df.withColumn("upper_fruit", toUpperCaseUDF($"fruit"))

    resultDF.show()

    // 关闭 SparkSession
    spark.stop()
  }
}
```

聚合函数示例，代码如下：

```scala
import org.apache.spark.sql.SparkSession
import org.apache.spark.sql.expressions.Aggregator
import org.apache.spark.sql.Encoders

object AggregateUDFDemo {
  case class Employee(name: String, salary: Double)
  case class AverageSalary(var sum: Double, var count: Long)

  def main(args: Array[String]): Unit = {
    val spark = SparkSession.builder()
      .appName("AggregateUDFDemo")
      .getOrCreate()

    import spark.implicits._

    // 创建聚合函数
    val averageSalaryUDF = new Aggregator[Employee, AverageSalary, Double] {
      def zero: AverageSalary = AverageSalary(0.0, 0L)
      def reduce(acc: AverageSalary, employee: Employee): AverageSalary = {
        acc.sum += employee.salary
        acc.count += 1
        acc
      }
      def merge(acc1: AverageSalary, acc2: AverageSalary): AverageSalary = {
        acc1.sum += acc2.sum
        acc1.count += acc2.count
        acc1
      }
      def finish(acc: AverageSalary): Double = acc.sum / acc.count.toDouble
      def bufferEncoder: Encoder[AverageSalary] = Encoders.product
      def outputEncoder: Encoder[Double] = Encoders.scalaDouble
    }.toColumn

    val employees = List(
      Employee("Alice", 50000.0),
      Employee("Bob", 60000.0),
      Employee("Charlie", 55000.0)
    )
    val employeesDF = employees.toDF()
```

```scala
    // 使用聚合函数
    val avgSalary = employeesDF.select(averageSalaryUDF($"salary")).as[Double].head()

    println(s"Average Salary: $avgSalary")

    // 关闭 SparkSession
    spark.stop()
  }
}
```

窗口函数示例，代码如下：

```scala
import org.apache.spark.sql.SparkSession
import org.apache.spark.sql.expressions.Window
import org.apache.spark.sql.functions.udf

object WindowUDFDemo {
  case class Employee(name: String, department: String, salary: Double)

  def main(args: Array[String]): Unit = {
    val spark = SparkSession.builder()
      .appName("WindowUDFDemo")
      .getOrCreate()

    import spark.implicits._

    val employees = List(
      Employee("Alice", "HR", 50000.0),
      Employee("Bob", "IT", 60000.0),
      Employee("Charlie", "IT", 55000.0),
      Employee("David", "HR", 45000.0),
      Employee("Eva", "Sales", 70000.0)
    )
    val employeesDF = employees.toDF()

    // 创建窗口函数
    val avgSalaryUDF = udf((department: String) => department match {
      case "HR" => 50000.0
      case "IT" => 57500.0
      case "Sales" => 70000.0
      case _ => 0.0
```

})

    // 定义窗口规范，按照部门分区
    val windowSpec = Window.partitionBy("department")

    // 使用窗口函数
    val resultDF = employeesDF.withColumn("avg_department_salary", avgSalaryUDF($"department").over(windowSpec))

    resultDF.show()

    // 关闭 SparkSession
    spark.stop()
  }
}
```

#### 4. 临时视图和全局视图

临时视图和全局视图作为 Spark SQL 中用于管理数据和查询的工具，允许将 DataFrame 注册为临时表或全局视图，并在查询中使用。

临时视图是与 SparkSession 绑定的，它只在当前 SparkSession 的上下文中可用。临时视图对于在查询中使用某个 DataFrame 或 SQL 查询的结果非常有用。通过 createOrReplaceTempView 方法，可以将 DataFrame 注册为一个临时视图，然后可以在同一 SparkSession 中的任何查询中使用该视图进行操作。

全局视图是在整个 Spark 应用程序范围内可见的视图。全局视图对于在不同的 SparkSession 和查询中共享数据非常有用。通过 createOrReplaceGlobalTempView 方法，可以将 DataFrame 注册为一个全局视图，然后可以在任何 SparkSession 中的查询中使用该视图进行操作，只要这些 SparkSession 都使用相同的全局视图名。

下面分别演示如何创建和使用临时视图和全局视图。

临时视图示例，代码如下：

```
import org.apache.spark.sql.SparkSession

object TemporaryViewDemo {
  case class Employee(name: String, department: String, salary: Double)

  def main(args: Array[String]): Unit = {
    val spark = SparkSession.builder()
      .appName("TemporaryViewDemo")
      .getOrCreate()

    import spark.implicits._
```
```

```scala
    val employees = List(
      Employee("Alice", "HR", 50000.0),
      Employee("Bob", "IT", 60000.0),
      Employee("Charlie", "IT", 55000.0),
      Employee("David", "HR", 45000.0),
      Employee("Eva", "Sales", 70000.0)
    )
    val employeesDF = employees.toDF()

    // 注册临时视图
    employeesDF.createOrReplaceTempView("employee_view")

    // 使用临时视图进行查询
    val result = spark.sql("SELECT * FROM employee_view WHERE salary > 55000")

    result.show()

    // 关闭 SparkSession
    spark.stop()
  }
}
```

全局视图示例，代码如下：

```scala
import org.apache.spark.sql.SparkSession

object GlobalViewDemo {
  case class Employee(name: String, department: String, salary: Double)

  def main(args: Array[String]): Unit = {
    val spark = SparkSession.builder()
      .appName("GlobalViewDemo")
      .getOrCreate()

    import spark.implicits._

    val employees = List(
      Employee("Alice", "HR", 50000.0),
      Employee("Bob", "IT", 60000.0),
      Employee("Charlie", "IT", 55000.0),
      Employee("David", "HR", 45000.0),
```

```
        Employee("Eva", "Sales", 70000.0)
    )
    val employeesDF = employees.toDF()

    // 注册全局视图
    employeesDF.createOrReplaceGlobalTempView("global_employee_view")

    // 使用全局视图进行查询
    val result = spark.sql("SELECT * FROM global_temp.global_employee_view WHERE salary > 55000")

    result.show()

    // 关闭 SparkSession
    spark.stop()
  }
}
```

5. 复杂数据类型操作

在 Spark SQL 中,可以使用复杂数据类型来处理结构化数据中的嵌套和复杂结构。以下是一些常见的复杂数据类型操作。

(1) 结构体 (Structs):一种复杂的数据类型,可以将多个字段组合在一起,类似于一个结构体或对象。每个结构体字段都有一个名称和数据类型。

(2) 数组 (Arrays):一种有序集合,其中每个元素都有一个索引,可以按索引访问元素。数组可以包含同一数据类型的多个元素。

(3) 映射 (Maps):一种键值对的集合,其中每个键都关联一个值。映射的键和值可以是不同的数据类型。

下面分别演示如何使用 Spark SQL 进行结构体、数组和映射的常用操作。

结构体操作示例,代码如下:

```
import org.apache.spark.sql.SparkSession
import org.apache.spark.sql.functions._

object StructsDemo {
  def main(args: Array[String]): Unit = {
    val spark = SparkSession.builder()
      .appName("StructsDemo")
      .getOrCreate()

    import spark.implicits._
```

```
    val data = List(
      ("Alice", 25, "HR"),
      ("Bob", 30, "IT"),
      ("Charlie", 28, "IT")
    )
    val df = data.toDF("name", "age", "department")

    // 创建结构体
    val structDF = df.select(struct("name", "age").alias("employee_info"))

    // 选择结构体内的字段
    val resultDF = structDF.select($"employee_info.name", $"employee_info.age")

    resultDF.show()

    // 关闭 SparkSession
    spark.stop()
  }
}
```

数组操作示例,代码如下:

```
import org.apache.spark.sql.SparkSession
import org.apache.spark.sql.functions._

object ArraysDemo {
  def main(args: Array[String]): Unit = {
    val spark = SparkSession.builder()
      .appName("ArraysDemo")
      .getOrCreate()

    import spark.implicits._

    val data = List(
      ("Alice", Array("HR", "Admin")),
      ("Bob", Array("IT")),
      ("Charlie", Array("IT", "Sales"))
    )
    val df = data.toDF("name", "departments")

    // 使用数组的第一个元素
    val firstElementDF = df.select($"name", $"departments"(0).alias("first_department"))
```

项目五　银行客户数据分析 129

```
        firstElementDF.show()

        // 关闭 SparkSession
        spark.stop()
    }
}
```

映射操作示例，代码如下：

```
import org.apache.spark.sql.SparkSession
import org.apache.spark.sql.functions._

object MapsDemo {
    def main(args: Array[String]): Unit = {
        val spark = SparkSession.builder()
            .appName("MapsDemo")
            .getOrCreate()

        import spark.implicits._

        val data = List(
            ("Alice", Map("age" -> 25, "department" -> "HR")),
            ("Bob", Map("age" -> 30, "department" -> "IT")),
            ("Charlie", Map("age" -> 28, "department" -> "IT"))
        )
        val df = data.toDF("name", "attributes")

        // 使用映射的键值
        val keyValueDF = df.select($"name", $"attributes.age".alias("age"), $"attributes.department".alias("department"))

        keyValueDF.show()

        // 关闭 SparkSession
        spark.stop()
    }
}
```

5.3.2　性能优化与调优

Spark SQL 性能优化与调优是在大规模数据处理中至关重要的任务，可以显著提高查询速度和资源利用率。以下是一些常见的 Spark SQL 性能优化与调优策略：

(1) 数据分区和分桶：在数据加载时，将数据分成更小的分区和分桶可以提高查询性能。分区可以使数据更有效地进行过滤，分桶可以减少数据的倾斜。

(2) 数据压缩：合适的数据压缩格式可降低存储成本并加快数据读取速度。

(3) 数据持久化：将频繁查询的数据持久化至内存或磁盘，以避免重复计算并提高查询性能。

(4) 谓词下推：通过将过滤操作下推到数据源引擎，可减少数据传输和处理的量。

(5) 合理选择数据格式：Parquet 和 ORC 格式在存储和查询性能方面表现良好，可优化数据存储和访问。

(6) 合理使用缓存：利用 Spark 的缓存机制（如 cache 和 persist 方法）来缓存中间结果及频繁查询的数据，可避免重复计算。

(7) 广播变量：通过将小型数据集广播到每个节点，可避免数据倾斜和网络传输开销。

(8) 动态分区裁剪：在查询时根据谓词条件动态剪裁不必要的分区，以减少不必要的数据加载和处理。

(9) 跳过无关数据：通过使用谓词下推和过滤操作，可跳过不必要的数据加载和处理。

(10) 适当调整并行度：根据集群资源和任务特点，适当调整并行度和分区数，以充分利用资源。

(11) 使用合适的硬件：选择适应数据规模和计算需求的硬件配置，以实现更优的性能。

(12) 使用内存和磁盘：合理配置 Spark 内存和磁盘存储，避免内存溢出和性能瓶颈。

(13) 监控和调优工具：使用 Spark 监控工具，如 Spark UI 和历史服务器，进行性能分析和调优。

(14) 避免数据倾斜：当数据分布不均匀时，通过合理的数据分区、分桶、广播等手段来避免数据倾斜。

(15) 数据过滤顺序：通过将过滤性能更高的条件放在前面，以减少需要处理的数据量。

(16) 使用并行操作：在查询中使用并行操作，如多个过滤条件或转换操作，以利用集群中的多核处理器。

(17) 索引和分析器：使用合适的索引、分区和分析器，加速元数据查询和数据解析。

(18) JVM 和垃圾回收：配置合适的 JVM 参数，避免频繁的垃圾回收，提高任务的执行效率。

(19) 批处理与流处理：根据实际场景，选择适合的批处理或流处理模式，以获得更好的性能。

综合运用这些性能优化和调优策略，可以显著提高 Spark SQL 查询的性能和效率。在实际应用中，需要根据数据规模、集群配置和查询模式来灵活调整这些策略，以达到最佳性能。

5.3.3　扩展与整合

Spark SQL 提供了许多扩展和整合选项，能够更好地与外部数据源、工具和服务进行集成。以下是一些常见的 Spark SQL 扩展和整合方案。

(1) 外部数据源支持：Spark SQL 可以通过 DataSource API 支持许多外部数据源，如 Apache Hive、Apache HBase、Cassandra、JDBC 数据库、Elasticsearch 等。这使得用户能够在 Spark 中轻松读取和写入不同类型的数据。

(2) 文件格式支持：Spark SQL 支持多种文件格式，如 Parquet、ORC、Avro、JSON、CSV 等，可以根据数据需求选择合适的文件格式。

(3) 集成 Apache Hive：Spark SQL 能够与 Apache Hive 兼容，可以通过 HiveContext 提供的接口查询 Hive 表，同时还支持使用 Hive 的 UDF、UDAF(User Defined Aggregate Function，用户定义的聚合函数) 和 UDTF(User Defined Table Function，用户定义的表函数)。

(4) 集成数据湖层：Spark SQL 可以与数据湖层工具 (如 Delta Lake) 集成，能够进行事务性数据管理、版本控制和数据一致性维护。

(5) 机器学习整合：Spark SQL 可以与 Spark MLlib(Machine Learning Library，机器学习库) 集成，将 SQL 查询与机器学习模型训练和评估相结合。

(6) 可视化工具集成：Spark SQL 可以与可视化工具 (如 Tableau、Power BI) 集成，方便生成报表和可视化分析。

(7) 流处理整合：Spark SQL 可以与 Spark Streaming 或结构化流 (Structured Streaming) 整合，能够在实时数据处理中使用 SQL 查询。

(8) 数据质量工具：Spark SQL 可以与数据质量工具集成，以进行数据清洗、验证和质量分析。

(9) 分布式数据库支持：Spark SQL 可以与分布式数据库如 (Apache Cassandra 或 Apache HBase) 集成，从而在 Spark 中进行分布式数据查询和操作。

(10) 高级优化器和计划器：Spark SQL 的高级优化器和计划器扩展可以实现更复杂的查询优化和执行。

(11) 自定义数据源：可以开发自定义的数据源插件，使 Spark SQL 支持自定义数据源格式或数据接入方式。

(12) 扩展函数：可以编写 UDF 或 UDAF，以扩展 Spark SQL 的功能和操作。

(13) 与其他大数据工具集成：Spark SQL 可以与其他大数据工具和框架 (如 Kafka、Presto、Flink 等) 集成，以实现更广泛的数据处理和分析。

在大数据项目中，Spark SQL 与 Apache Hive 的集成比较常规，能够在 Spark 中使用 Hive 的元数据、表定义、UDF 等，并能够在 Spark 中运行 HiveQL 查询。这种集成可以在不迁移现有 Hive 代码的情况下，利用 Spark 的计算能力来进行数据分析和处理。

在 IntelliJ IDEA 中，使用 Maven 项目集成 Spark SQL 和 Apache Hive 需要进行一些配置。首先打开项目的 pom.xml 文件，在 <dependencies> 部分添加 Spark SQL 和 Hive 依赖，添加配置如下：

```xml
<dependencies>
  <!-- Spark SQL -->
  <dependency>
    <groupId>org.apache.spark</groupId>
    <artifactId>spark-sql_2.13</artifactId>
    <version>3.4.0</version><!-- 选择所需的 Spark 版本 -->
  </dependency>

  <!-- Hive -->
  <dependency>
    <groupId>org.apache.spark</groupId>
    <artifactId>spark-hive_2.13</artifactId>
    <version>3.4.0</version><!-- 选择与 Spark 版本匹配的 Hive 版本 -->
  </dependency>
</dependencies>
```

(1) 配置 SparkSession：在代码中创建 SparkSession 并启用 Hive 支持，代码如下：

```java
import org.apache.spark.sql.SparkSession;

public class HiveIntegrationApp {
  public static void main(String[] args) {
    SparkSession spark = SparkSession.builder()
        .appName("HiveIntegrationApp")
        .enableHiveSupport() // 启用 Hive 支持
        .getOrCreate();

    // 在这里编写 Spark SQL 与 Hive 集成代码

    spark.stop();
  }
}
```

(2) 配置 Hive 元数据存储：在默认情况下，Spark SQL 会使用一个嵌入式 Hive Metastore。如果想使用外部 Hive Metastore，可以在 SparkSession 创建时指定相关的配置，代码如下：

```
SparkSession spark = SparkSession.builder()
```

```
        .appName("HiveIntegrationApp")
        .config("spark.sql.warehouse.dir", "hdfs://your-hdfs-path")
        .enableHiveSupport()
        .getOrCreate();
```

(3) 运行代码：编写 Spark SQL 与 Hive 集成的代码，然后使用 IntelliJ IDEA 的运行功能来执行应用程序。

(4) 配置 Spark 和 Hive 版本兼容性：确保所使用的 Spark 版本与 Hive 版本兼容。以下是一些常见的 Spark SQL 版本与 Hive 版本对应的关系：

① Spark 2.0.0～2.3.x：这些版本的 Spark 都是内置 Hive 1.2.1。
② Spark 2.4.x：Spark 2.4.x 开始内置了 Hive 2.3.3。
③ Spark 3.0.x：Spark 3.0.x 开始内置了 Hive 3.1.2。

任务 5.4　分析与统计银行客户数据

5.4.1　银行客户数据简介

某银行已积累了海量的客户数据，现在希望其大数据分析团队能够利用 Spark SQL 技术对这些数据进行深入分析，以解决以下关键问题：

(1) 查看不同年龄段的客户人数。
(2) 根据客户婚姻状况的不同显示对应的客户年龄分布。
(3) 分析年龄与平均余额的关系。

本项目用到的数据集为 bank-full.csv，存储路径为 HDFS 上的 /data/dataset 目录。该数据集包含银行客户信息，其中部分字段的说明如表 5-2 所示 (只用到了下面这部分字段)。

表 5-2　银行客户数据集字段定义

字　　段	定　　义
age	客户年龄
job	职业
marital	婚姻状况
education	受教育程度
balance	银行账户余额

5.4.2　数据预处理和准备

在 Spark SQL 中，数据预处理和准备是非常重要的步骤，这些步骤对于数据分析和挖掘的成功非常关键，以下是对银行数据进行的预处理操作，代码如下：

```
import org.apache.spark.sql.{SparkSession, DataFrame}
```

```
import org.apache.spark.sql.functions._

object DataPreprocessing {
  def main(args: Array[String]): Unit = {
    val spark = SparkSession.builder()
      .appName("DataPreprocessing")
      .getOrCreate()

    // 读取 CSV 文件为 DataFrame
    val df: DataFrame = spark.read
      .option("header", "true")
      .option("delimiter", ";")
      .csv("bank-full.csv")

    // 去除重复行
    val deduplicatedDF = df.dropDuplicates()

    // 处理缺失值
    val filledDF = deduplicatedDF.na.fill("unknown", Seq("job", "marital", "education"))

    // 选择所需的字段并创建新的 DataFrame
    val selectedDF = filledDF.select("age", "job", "marital", "education", "balance")

    // 显示处理后的 DataFrame
    selectedDF.show()

    // 关闭 SparkSession
    spark.stop()
  }
}
```

在这个示例中，添加了使用 na.fill() 方法处理缺失值这一步骤。在这里，首先选择了"job""marital"和"education"字段，并使用"unknown"填充缺失值。然后继续选择所需的字段并创建新的 DataFrame selectedDF，最后显示了处理后的 DataFrame。

5.4.3 数据探索与分析

Spark SQL 提供了多种数据探索功能，可以深入了解数据，分析数据分布、关系和统计特性，代码如下：

```
import org.apache.spark.sql.{SparkSession, DataFrame}
```

```scala
import org.apache.spark.sql.functions._

object BankDataExploration {
  def main(args: Array[String]): Unit = {
    val spark = SparkSession.builder()
      .appName("BankDataExploration")
      .getOrCreate()

    // 读取银行数据 CSV 文件为 DataFrame
    val df: DataFrame = spark.read
      .option("header", "true")
      .option("delimiter", ";")
      .csv("path_to_bank_data.csv")

    // 注册 DataFrame 为临时视图
    df.createOrReplaceTempView("bank_data")

    // 数据探索示例
    //1. 分析不同职业的人数
    val jobDistribution = spark.sql("SELECT job, COUNT(*) as count FROM bank_data GROUP BY job")
    jobDistribution.show()

    //2. 分析婚姻状况的比例
    val maritalRatio = spark.sql("SELECT marital, COUNT(*) as count, (COUNT(*) * 100.0 / SUM(COUNT(*)) OVER()) as ratio FROM bank_data GROUP BY marital")
    maritalRatio.show()

    //3. 统计平均余额和持有房贷的关系
    val balanceHousingRelation = spark.sql("SELECT housing, AVG(balance) as avg_balance FROM bank_data GROUP BY housing")
    balanceHousingRelation.show()

    //4. 分析年龄段和平均余额的关系
    val ageBalanceRelation = spark.sql("SELECT CASE WHEN age < 30 THEN 'Under 30' WHEN age >= 30 AND age < 40 THEN '30-39' ELSE '40+' END as age_group, AVG(balance) as avg_balance FROM bank_data GROUP BY age_group")
    ageBalanceRelation.show()

    //5. 统计持有贷款的人数和比例
    val loanStats = spark.sql("SELECT loan, COUNT(*) as count, (COUNT(*) * 100.0 / SUM
```

```
(COUNT(*)) OVER()) as ratio FROM bank_data GROUP BY loan")
    loanStats.show()

    // 关闭 SparkSession
    spark.stop()
  }
}
```

5.4.4 客户行为分析

在客户行为分析中，了解不同年龄段客户的分布情况是非常重要的一步。这可以帮助企业更好地了解客户群体的构成，从而制订针对性的市场策略和服务方案。

(1) 查看不同年龄段的客户人数，代码如下：

```
import org.apache.spark.sql.SparkSession

object AgeGroupAnalysis {
  def main(args: Array[String]): Unit = {

    // 上接 5.4.2 数据预处理和准备代码 ...

    selectedDF.createOrReplaceTempView("selected_data")

    // 查询不同年龄段的客户人数
    val ageGroupCountDF = spark.sql("""
      SELECT
        CASE
          WHEN age < 30 THEN 'Under 30'
          WHEN age >= 30 AND age < 40 THEN '30-39'
          ELSE '40+'
        END AS age_group,
        COUNT(*) AS customer_count
      FROM
        selected_data
      GROUP BY
        age_group
      ORDER BY
        age_group
    """)

    // 显示结果
```

```
        ageGroupCountDF.show()

        // 关闭 SparkSession
        spark.stop()
    }
}
```

以上代码的含义如下:

① 读取数据并注册为临时视图:使用 spark.read 读取数据文件,设置选项来解析 CSV 格式。将读取的数据框注册为"selected_data"临时视图。

② 查询不同年龄段的客户人数:使用 Spark SQL 查询,通过 CASE 语句将年龄划分为不同的年龄段,并使用 COUNT 聚合函数计算每个年龄段的客户人数。

③ 显示结果:使用 show() 方法显示查询结果,展示不同年龄段的客户人数。

④ 关闭 SparkSession:使用 spark.stop() 关闭 SparkSession。

这段代码将根据年龄将客户分为"Under 30""30-39"和"40+"3 个年龄段,然后计算每个年龄段的客户人数,并按年龄段排序显示结果。

(2) 根据客户婚姻状况的不同显示对应的客户年龄分布,代码如下:

```
import org.apache.spark.sql.SparkSession

object MaritalAgeDistribution {
    def main(args: Array[String]): Unit = {

        // 上接 5.4.2 数据预处理和准备代码 ...

        selectedDF.createOrReplaceTempView("selected_data")

        // 查询不同婚姻状况的客户年龄分布
        val maritalAgeDistributionDF = spark.sql("""
            SELECT
                marital,
                CASE
                    WHEN age < 30 THEN 'Under 30'
                    WHEN age >= 30 AND age < 40 THEN '30-39'
                    ELSE '40+'
                END AS age_group,
                COUNT(*) AS customer_count
            FROM
                selected_data
            GROUP BY
                marital, age_group
```

```
        ORDER BY
            marital, age_group
    """)

    // 显示结果
    maritalAgeDistributionDF.show()

    // 关闭 SparkSession
    spark.stop()
  }
}
```

以上代码的含义如下：

① 读取数据并注册为临时视图：使用 spark.read 读取数据文件，设置选项来解析 CSV 格式。将读取的数据框注册为 "selected_data" 临时视图。

② 查询不同婚姻状况的客户年龄分布：使用 Spark SQL 查询，通过 CASE 语句将年龄划分为不同的年龄段，同时按婚姻状况和年龄段分组，使用 COUNT 聚合函数计算每组的客户人数。

③ 显示结果：使用 show() 方法显示查询结果，展示不同婚姻状况的客户年龄分布。

④ 关闭 SparkSession：使用 spark.stop() 关闭 SparkSession。

(3) 年龄与平均余额的关系分析，代码如下：

```
import org.apache.spark.sql.SparkSession
import org.apache.spark.sql.functions._
import org.apache.spark.sql.DataFrame

object AgeBalanceAnalysis {
  def main(args: Array[String]): Unit = {
    // 创建 SparkSession
    val spark = SparkSession.builder()
      .appName("AgeBalanceAnalysis")
      .getOrCreate()

    // 读取数据并注册为临时视图
    val selectedDF = spark.read
      .option("header", "true")
      .option("delimiter", ";")
      .csv("bank-full.csv")
    selectedDF.createOrReplaceTempView("selected_data")

    // 分析不同年龄段客户的平均余额
```

```
    val ageBalanceAnalysisDF = spark.sql("""
      SELECT
        CASE
          WHEN age < 30 THEN 'Under 30'
          WHEN age >= 30 AND age < 40 THEN '30-39'
          ELSE '40+'
        END AS age_group,
        AVG(balance) AS avg_balance
      FROM
        selected_data
      GROUP BY
        age_group
      ORDER BY
        age_group
    """)

    // 显示结果
    ageBalanceAnalysisDF.show()

    // 可视化
    visualizeAgeBalance(ageBalanceAnalysisDF)

    // 关闭 SparkSession
    spark.stop()
  }

  // 可视化不同年龄段客户的平均余额
  def visualizeAgeBalance(df: DataFrame): Unit = {
    import org.jfree.chart.ChartFactory
    import org.jfree.chart.ChartPanel
    import org.jfree.chart.JFreeChart
    import org.jfree.chart.plot.PlotOrientation
    import org.jfree.data.category.DefaultCategoryDataset

    val dataset = new DefaultCategoryDataset()
    df.collect().foreach(row => {
      val ageGroup = row.getString(0)
      val avgBalance = row.getDouble(1)
      dataset.addValue(avgBalance, "Average Balance", ageGroup)
    })
```

```
        val chart: JFreeChart = ChartFactory.createBarChart(
          "Age vs. Average Balance",
          "Age Group",
          "Average Balance",
          dataset,
          PlotOrientation.VERTICAL,
          true,
          true,
          false
        )

        val chartPanel = new ChartPanel(chart)
        chartPanel.setPreferredSize(new java.awt.Dimension(800, 600))
        val frame = new javax.swing.JFrame("Age vs. Average Balance Analysis")
        frame.setDefaultCloseOperation(javax.swing.WindowConstants.EXIT_ON_CLOSE)
        frame.getContentPane().add(chartPanel)
        frame.pack()
        frame.setVisible(true)
      }
    }
```

以上代码的含义如下：

① 导入所需类：导入需要使用的 SparkSession 和其他所需的类。

② 创建 SparkSession：创建 SparkSession，设置应用名称为"AgeBalanceAnalysis"。

③ 读取数据并注册为临时视图：读取数据文件并将数据框注册为"selected_data"临时视图。

④ 分析不同年龄段客户的平均余额：使用 Spark SQL 查询，通过 CASE 语句将年龄划分为不同的年龄段，计算每个年龄段客户的平均余额。

⑤ 显示结果：使用 show() 方法显示查询结果，展示不同年龄段客户的平均余额。

⑥ 可视化：通过 visualizeAgeBalance 函数，使用 JFreeChart 创建柱状图来可视化不同年龄段客户的平均余额。

⑦ 关闭 SparkSession：使用 spark.stop() 关闭 SparkSession。

 创新学习

本部分内容以二维码的形式呈现，可扫码学习。

能力测试

1. (单选题) 以下 ( ) 不是 Spark SQL 的特点。
   A. 支持多种数据源
   B. 使用 Catalyst 进行查询优化
   C. 支持 DataFrame 和 Dataset API
   D. 仅支持 Scala 语言

2. (单选题) Catalyst 查询优化器的作用是 ( )。
   A. 管理内存分配   B. 提供用户界面
   C. 对查询执行计划进行优化   D. 增加计算节点

3. (单选题) 在 Spark SQL 中,DataFrame 相当于传统关系型数据库中的 ( )。
   A. 字典   B. 表
   C. 数组   D. 链表

4. (判断题) Spark SQL 仅支持处理结构化数据。( )

5. (判断题) DataFrame API 仅支持使用 SQL 进行查询。( )

6. 简述 Spark SQL 中 Catalyst 查询优化器的作用及其优化过程。

7. 简述使用 DataFrame API 筛选出价格大于 150 的记录的操作步骤。

8. 简述 Spark SQL 如何通过结构化视角优化数据和计算的处理。

项目六　设备故障的实时监控

 项目导入

完成设备故障的实时监控任务需要掌握结构化流处理概述、实时数据处理和输出以及设备数据流处理的用法。本项目将介绍使用 IntelliJ IDEA 工具操作实时数据处理和输出，模拟生成设备数据，实现设备故障的实时监控。

 知识目标

- 认识结构化流处理。
- 掌握结构化流处理概述。
- 了解设备故障监控系统架构。

 能力目标

- 能够模拟生成设备数据。
- 能够实现设备故障实时监控处理。

 素质目标

- 培养数据智能化的能力，满足政府对数据驱动发展的需求。
- 培养在大数据分析和实时数据处理方面的专业能力，符合政府在科技领域的战略目标。

 项目导学

在许多行业中，设备故障可能导致生产中断、造成损失和安全问题。实时监控设备的状态和故障是至关重要的，可以及时采取措施来预防或解决问题。结构化流处理 (Structured Streaming) 是 Apache Spark 提供的用于实时数据处理的强大工具，它允许在实时流数据上构建复杂的数据处理和监控系统。

本项目将使用 Structured Streaming 来构建一个设备故障的实时监控系统。通过实时处理设备生成的数据流，可以检测设备状态的变化，并发出警报或采取措施以应对潜在的故障。

任务 6.1 认识 Structured Streaming

6.1.1 结构化流处理概述

Structured Streaming 是 Apache Spark 项目中的一个重要组件，旨在实现流数据处理的高级抽象。在 Spark 2.0 版本之前，Spark 只能处理批处理数据，对于流数据处理需要依赖其他框架，如 Apache Storm。然而，这种分离的处理方式使得数据处理架构变得复杂且难以管理。

随着流数据处理需求的增加，Spark 社区着手开发结构化流式处理，目标是提供一种与批处理类似的编程模型，但能够实时处理流式数据。因此，Spark 2.0 版本引入了 Structured Streaming 的初步版本，为开发人员提供了更简单和一致的处理方式，将批处理和流处理结合在一起。Spark 3.0 版本进一步改进了 Structured Streaming，使其更加强大和稳定。Structured Streaming 是 Spark SQL 引擎的一部分，允许开发人员使用 SQL 查询和使用 DataFrame API 来处理流式数据。与传统的流处理框架相比，Structured Streaming 提供了更高的抽象层次，隐藏了许多底层细节，让开发人员可以专注于业务逻辑。

Structured Streaming 的核心概念是将流式数据抽象成一个连续不断增长的表格 (Table)，开发人员可以像处理静态表格数据一样处理流数据。以下是 Structured Streaming 的主要特点：

(1) 事件驱动的微批处理：Structured Streaming 采用了微批处理的方式，将实时数据分成一系列小批次，然后逐个处理这些批次。这种方式既保留了流处理的实时性，又能够利用 Spark 的批处理引擎进行优化。

(2) 高级抽象层次：开发人员可以使用 SQL 查询语句或 DataFrame API 来处理流数据，这使得处理逻辑更加简单和直观。无论是处理静态数据还是流式数据，开发人员都可以使用相同的 API 和查询语言。

(3) Exactly-Once 语义：Structured Streaming 支持 Exactly-Once 语义，确保数据在处理过程中不会被重复或丢失。这是一个关键特性，尤其在数据处理中需要保证数据的一致性和准确性时。

(4) 水印和窗口操作：Structured Streaming 支持水印 (Watermark) 和窗口操作，可以处理事件时间，并支持基于时间的聚合操作，如滚动窗口和滑动窗口。

(5) 状态管理：为了支持窗口操作和状态管理，Structured Streaming 内部维护了状态存储，用于跟踪数据处理的状态和历史信息。

(6) 灵活的数据源：Structured Streaming 支持多种数据源，如 Kafka、文件系统和 Socket 等，使得从不同数据源读取流数据变得简单。

(7) 可扩展性和性能：基于 Spark 的分布式计算能力，Structured Streaming 可以在大规模数据集上高效处理流数据，具有良好的可扩展性和性能。

表 6-1 列出了 Structured Streaming、Spark SQL 和 Spark Streaming 之间的关系。

表 6-1　Structured Streaming、Spark SQL 和 Spark Streaming 的关系

特点/组件	Spark SQL	Spark Streaming	Structured Streaming
数据处理范式	批处理和交互式查询	批处理和实时流处理	批处理和实时流处理
数据处理方式	SQL 查询和 DataFrame	微批处理	流处理
模型抽象性	静态表格数据处理	伪实时流式数据处理	静态表格和流式数据处理
编程模型	DataFrame API	RDD API	DataFrame API
数据一致性	Exactly-Once 语义	至少一次语义	Exactly-Once 语义
窗口和水印操作	有窗口和水印支持	有窗口和水印支持	有窗口和水印支持
处理模型	批处理和交互式查询	批处理模型	批处理和流式处理模型
优化和性能	使用 Spark 优化器	有限的优化和性能	使用 Spark 优化器
主要目标	批处理和交互式查询	流处理	批处理和流处理
未来发展方向	静态数据处理重点	逐渐被 Structured Streaming 取代	主要流式数据处理方向

6.1.2　数据源和数据接收器

在 Structured Streaming 中，数据源和数据接收器是两个核心概念，用于定义数据的输入来源和输出目的地。数据源用于指定从哪里获取流数据，数据接收器用于指定将处理后的数据发送到哪里。

数据源是 Structured Streaming 的输入组件，负责从不同的数据来源 (如 Kafka、文件系统、Socket 等) 获取实时数据流。数据源可以处理乱序事件，支持水印和事件时间处理，使流数据能够被正确地分割成微批次，以便进行处理。

数据接收器是 Structured Streaming 的输出组件，将处理后的数据写入不同的数据接收器，以供后续分析和存储。数据接收器可以将数据写入多种目的地，如文件系统、数据库、Kafka 等。数据接收器的输出模式 (Output Mode) 决定了如何将处理后的数据写入输出目标。有 3 种常见的输出模式可供选择：

(1) Append Mode(追加模式)：在追加模式下，每当新的批处理结果计算完成后，只会将新的数据行添加到输出目标中，而不会修改或删除之前的数据。追加模式适用于不需要更新或删除数据，只需要添加新数据的场景，例如数据摄取或日志收集。但是，在追加模式下，数据源不能包含任何更新的操作，只能是追加。

(2) Update Mode(更新模式)：在更新模式下，每当新的批处理结果计算完成后，Spark 会根据主键或唯一标识来更新输出目标中的现有数据。更新模式适用于需要对数据进行部分更新或覆盖的场景。若要使用更新模式，则输出目标必须支持原子性的更新操作。

(3) Complete Mode(完整模式)：在完整模式下，Spark 将整个计算结果重新写

入输出目标，包括之前计算过的数据和新数据。完整模式适用于需要在每个批处理周期内重写整个输出的场景。需要注意的是，使用完整模式可能会导致性能开销较大，特别是对于大数据量的情况。

若要选择合适的输出模式，则需要根据具体的业务需求和输出目标的特性进行权衡和选择。不同的输出模式适用于不同的应用场景，可以根据数据的更新频率、输出目标的支持情况以及性能要求来决定。

常见的数据源、数据接收器以及它们的功能和场景如表 6-2、表 6-3 所示。

表 6-2 常见的数据源及其功能和场景

数 据 源	功 能 和 场 景
Kafka	从 Kafka 主题获取实时数据流，适用于事件流处理和消息队列场景
文件系统 (如 HDFS、S3)	从文件系统读取实时数据流，适用于处理持久化的日志和数据文件
Socket	通过网络套接字接收数据，适用于实验和测试，以及简单的数据源
自定义数据源 (Source API)	开发自定义数据源以支持特定数据源类型和格式，扩展性高

表 6-3 常见的数据接收器及其功能和场景

数据接收器	功 能 和 场 景
文件系统 (如 HDFS、S3)	将处理后的数据写入文件系统，用于保存分析结果和持久化数据
Kafka	将处理后的数据发送到 Kafka 主题，用于数据交换和分发
控制台 (Console)	在控制台上显示处理后的数据，用于调试和测试
自定义数据接收器 (Sink API)	开发自定义数据接收器以支持特定输出目的地和格式，扩展性高

数据源和数据接收器在 Structured Streaming 中起到了数据输入和输出的重要作用。不同的数据源和数据接收器适用于不同的应用场景，能够满足实时数据处理的需求，并为开发人员提供了灵活性和扩展性，以满足各种流数据处理的需求。

当涉及使用 Structured Streaming 的数据源和数据接收器时，需要确保的 Maven 项目已正确配置 Spark 依赖和相关库。下面是一些代码示例，从 Maven 环境配置开始，逐一介绍如何使用数据源和数据接收器。

1. Maven 环境配置

确保 Maven 项目的 pom.xml 文件中包含 Spark 依赖，添加配置如下：

```
<dependencies>
  <dependency>
```

```xml
        <groupId>org.apache.spark</groupId>
        <artifactId>spark-core_2.13</artifactId>
        <version>3.4.3</version>
    </dependency>
    <dependency>
        <groupId>org.apache.spark</groupId>
        <artifactId>spark-sql_2.13</artifactId>
        <version>3.4.3</version>
    </dependency>
</dependencies>
```

2. 使用文件系统作为数据源

首先需要一个包含"age"和"name"两列的 CSV 格式文件。每行数据应当包含一个整数（表示年龄）和一个字符串（表示姓名）。以下是一个示例的 CSV 文件内容：

```
age,name
25,John
30,Alice
22,Michael
28,Emily
```

在上述内容中，第一行是列名，接下来的每一行分别代表一个人的年龄和姓名。检查文件路径是否拼写正确，并且检查文件内容与定义的模式是否匹配。

下面示例展示了如何将处理后的数据写入文件系统，代码如下：

```scala
import org.apache.spark.sql.SparkSession

object FileDataSourceExample {
  def main(args: Array[String]): Unit = {
    // 创建 SparkSession
    val spark = SparkSession.builder()
      .appName("FileDataSourceExample")
      .getOrCreate()

    // 从文件系统读取流数据
    val fileStreamDF = spark.readStream
      .format("csv")
      .schema("age INT, name STRING")
    //input-path 为 csv 文件路径，按需修改
      .csv("input-path")

    // 将处理结果写入控制台
    val query = fileStreamDF.writeStream
```

```
      .format("console")
      .start()

    // 等待处理结束
    query.awaitTermination()

    // 停止 SparkSession
    spark.stop()
  }
}
```

在这个示例中，首先使用 SparkSession 来创建 Spark 应用程序的入口点。然后从文件系统加载流数据，使用 .writeStream 将处理结果写入控制台。最后通过调用 query.awaitTermination() 等待处理完成，随后关闭 SparkSession。

3. 使用 Socket 作为数据源

Socket 是计算机网络编程中的一种通信机制，它允许不同计算机之间通过网络进行数据交换和通信。Socket 提供了一种标准化的接口，使得不同操作系统和编程语言之间能够进行网络通信。Socket 是一种实现网络通信的抽象概念。

Socket 通常用于在客户端和服务器之间建立连接，以便它们能够互相发送数据。在 Socket 编程中，一个端点 (endpoint) 可以充当客户端或服务器，它通过唯一的 IP 地址和端口号来识别。

在 Linux 中，使用 nc 命令 (也称为 netcat 命令) 来创建一个简单的 Socket 服务器，用来传输数据。以下是使用 nc 命令开启一个基本的 Socket 服务器的步骤：

(1) 打开终端窗口。

(2) 输入以下命令以开启一个简单的 Socket 服务器，监听指定的端口号 (例如端口号为 9999)，命令如下：

```
nc -l -p 9999
```

这将在 9999 端口上开启一个 Socket 服务器，等待连接并传输数据。

(3) 一旦服务器启动，在终端中输入文本后按回车键来发送数据。这些数据将会传输到连接该端口的任何客户端。

下面的示例代码展示了如何使用 Socket 作为数据源读取实时流数据，并将处理结果写入控制台，代码如下：

```
import org.apache.spark.sql.SparkSession

object SocketDataSourceExample {
  def main(args: Array[String]): Unit = {
    // 创建 SparkSession
    val spark = SparkSession.builder()
      .appName("SocketDataSourceExample")
```

```
      .getOrCreate()

// 从 Socket 加载实时流数据
val socketStreamDF = spark.readStream
  .format("socket")
  .option("host", "localhost")        // 指定主机名
  .option("port", 9999)               // 指定端口号
  .load()

// 将处理结果写入控制台
val query = socketStreamDF.writeStream
  .format("console")
  .start()

// 等待处理结束
query.awaitTermination()

// 停止 SparkSession
spark.stop()
  }
}
```

在上述示例中,使用了 SparkSession 来创建 Spark 应用程序的入口点,使用 .readStream 和 .writeStream 来定义数据加载和处理结果写入的流式查询。通过指定主机名和端口号,可以从 Socket 实时加载流数据。最后,使用 query.awaitTermination() 来等待处理过程结束,停止 SparkSession。

4. 使用 Kafka 作为数据源

Apache Kafka 是一种分布式流处理平台,广泛用于构建实时数据流处理和事件驱动的应用程序。它旨在处理大规模的数据流,并支持高吞吐量、持久性、容错性和可扩展性。Kafka 的核心概念包括生产者(Producer)、消费者(Consumer)、主题(Topic)和分区(Partition),它们共同构建了一个高效、可靠的数据流平台。

在 Spark 中,使用 Kafka 作为数据源来读取流数据,并进行实时处理。下面是使用 Kafka 作为数据源的基本步骤。

首先,使用 Kafka 命令行工具(例如 kafka-topics.sh)或管理工具(如 Kafka Manager)创建主题,命令如下:

```
kafka-topics.sh --create --topic your-topic --bootstrap-server localhost:9092 --partitions 1 --replication-factor 1
```

上述命令将在 Kafka 集群中创建一个名为 **your-topic** 的主题,具有一个分区和一个副本因子。

然后，当创建了 Kafka 主题后，使用 Kafka 的命令行工具或编写 Kafka 生产者脚本来向主题发送数据。打开终端，发送数据到刚刚创建的主题，命令如下：

```
kafka-console-producer.sh --broker-list localhost:9092 --topic your-topic
```

上述命令将启动一个交互式的生产者终端，在其中输入要发送的消息。每输入一条消息，按回车键发送。例如，输入以下消息来发送数据：

```
{"age": 30, "name": "Alice"}
{"age": 25, "name": "Bob"}
{"age": 35, "name": "Carol"}
```

需要注意的是，按 Ctrl+C 键可以退出生产者终端。

最后，创建一个 Scala 应用程序，编写读取 Kafka 数据源的代码，代码如下：

```scala
import org.apache.spark.sql.SparkSession

object KafkaDataSourceExample {
  def main(args: Array[String]): Unit = {
    // 创建 SparkSession
    val spark = SparkSession.builder()
      .appName("KafkaDataSourceExample")
      .getOrCreate()

    // 从 Kafka 主题读取数据流
    val kafkaStreamDF = spark.readStream
      .format("kafka")
      .option("kafka.bootstrap.servers", "localhost:9092")   // 指定 Kafka 服务器地址
      .option("subscribe", "your-topic")                      // 指定要订阅的主题
      .load()

    // 从数据流中选取 value 列，并将其转换为字符串类型
    val query = kafkaStreamDF.selectExpr("CAST(value AS STRING)")
      .writeStream
      .outputMode("append")          // 指定输出模式为追加
      .format("console")             // 将结果输出到控制台
      .start()

    // 等待查询完成
    query.awaitTermination()

    // 停止 SparkSession
    spark.stop()
  }
}
```

}
```

上述代码演示了如何使用 Spark Structured Streaming 从 Kafka 主题读取数据流，并将数据以字符串形式输出到控制台。

**5. Console Sink（控制台输出）**

将处理后的数据输出到控制台，用于调试和快速查看结果，代码如下：

```
val query = df.writeStream
  .format("console")
  .start()
```

6. File Sink（文件输出）

Structured Streaming 的 File Sink 支持多种输出格式，可以根据实际需求选择合适的格式，包括以下 5 种常见的 File Sink 输出格式：

（1）Parquet 是一种高效的列式存储格式，适用于大规模数据处理，具有压缩效率高、查询性能好等特点，代码如下：

```
val query = df.writeStream
  .format("parquet")
  .option("path", "/path/to/output/directory")
  .start()
```

（2）CSV 是逗号分隔值格式，适用于简单的文本数据输出，可以指定分隔符和其他选项，代码如下：

```
val query = df.writeStream
  .format("csv")
  .option("path", "/path/to/output/directory")
  .option("sep", ",")  // 指定分隔符
  .start()
```

（3）JSON 是一种常见的文本格式，易于阅读和解析，适用于数据交换和存储，代码如下：

```
val query = df.writeStream
  .format("json")
  .option("path", "/path/to/output/directory")
  .start()
```

（4）ORC 是一种高效的列式存储格式，类似于 Parquet，适用于大数据处理和存储，代码如下：

```
val query = df.writeStream
  .format("orc")
  .option("path", "/path/to/output/directory")
  .start()
```

（5）Text 格式以纯文本方式保存数据，每行为一条记录，代码如下：

```
val query = df.writeStream
```
```

```
    .format("text")
    .option("path", "/path/to/output/directory")
    .start()
```

7. Kafka Sink(Kafka 输出)

将数据写入 Kafka 主题,以供其他应用程序消费,代码如下:

```
val query = df.writeStream
    .format("kafka")
    .option("kafka.bootstrap.servers", "localhost:9092")
    .option("topic", "output-topic")
    .start()
```

8. Foreach Sink(自定义输出)

在大数据处理中,Foreach Sink 是一种非常有用的自定义输出方式。它允许定义自己的输出逻辑将处理后的数据发送到外部系统、数据库、消息队列等,以实现更灵活的数据输出需求。

在 Spark Structured Streaming 中,使用 Foreach Sink 时需要实现一个自定义的 ForeachWriter 类。这个类负责数据的输出逻辑,它有两个实现方法:

open(partitionId: Long, version: Long): Boolean 在每个分区开始处理前调用一次,可以在这里进行一些初始化操作。open() 返回 true 表示可以处理当前分区,返回 false 表示跳过当前分区。

process(record: Row):Unit 用于处理每条记录的方法,接收一个 Row 对象作为参数,可以在这里将数据发送到外部系统或做其他自定义操作。

close(errorOrNull: Throwable):Unit 是在每个分区处理结束后调用,可以在这里进行资源释放等操作。

若要将数据写入 MySQL 8 数据库中时,则可以通过自定义的 ForeachWriter 来实现。下面的示例代码演示了如何使用 Spark Structured Streaming 将数据写入 MySQL 8 数据库,代码如下:

```
import java.sql.{Connection, DriverManager, PreparedStatement}

import org.apache.spark.sql.{ForeachWriter, Row, SparkSession}

// 自定义的 ForeachWriter,用于将数据写入 MySQL 8 数据库
class MySQLForeachWriter(url: String, user: String, password: String) extends ForeachWriter[Row] {
  private var connection: Connection = _
  private var statement: PreparedStatement = _

  // 打开连接和准备写入操作
  def open(partitionId: Long, version: Long): Boolean = {
    connection = DriverManager.getConnection(url, user, password)
```

```scala
      statement = connection.prepareStatement("INSERT INTO your_table (age, name) VALUES (?, ?)")
      true
    }

    // 处理每一行数据,将数据写入数据库
    def process(record: Row): Unit = {
      statement.setInt(1, record.getAs[Int]("age"))
      statement.setString(2, record.getAs[String]("name"))
      statement.executeUpdate()
    }

    // 关闭连接
    def close(errorOrNull: Throwable): Unit = {
      if (connection != null) {
        connection.close()
      }
    }
}

object MySQLSinkExample {
  def main(args: Array[String]): Unit = {
    val spark = SparkSession.builder()
      .appName("MySQLSinkExample")
      .getOrCreate()

    // 读取你的数据流 DataFrame
    val df = ...

    val url = "jdbc:mysql://localhost:3306/your_database"
    val user = "your_user"
    val password = "your_password"

    // 将数据写入 MySQL 数据库的查询
    val query = df.writeStream
      .foreach(new MySQLForeachWriter(url, user, password))
      .start()

    // 等待查询终止
    query.awaitTermination()

    // 关闭 SparkSession
```

```
    spark.stop()
  }
}
```

在上述代码中，MySQLForeachWriter 是自定义的 ForeachWriter，负责将数据写入 MySQL 8 数据库中。根据实际情况修改数据库连接信息、表名以及字段名，同时确保将数据流 DataFrame 正确地替换到 df 的位置。

9. Memory Sink（内存输出）

将数据写入内存中的表，可以用于实时查询和分析，代码如下：

```
df.writeStream
  .queryName("memory_table")
  .outputMode("update") // 或其他输出模式
  .format("memory")
  .start()
```

6.1.3 实时数据处理和输出

实时数据处理是指对实时产生的数据进行即时分析、转换和计算，以获得有关数据流的实时见解。这在许多场景中都非常重要，例如监控系统、广告点击分析、欺诈检测等。实时数据处理通常需要快速、低延迟的处理能力，以便于及时发现问题或机会，并采取相应的行动。

在 Spark Structured Streaming 中，可以实现实时数据处理的功能。Structured Streaming 提供了对流数据处理的高级抽象，它将流数据看作一系列的微批处理，使处理实时数据流就像处理静态数据集一样简单。下面是一些与实时数据处理相关的重要概念和功能：

(1) 容错处理：实时数据处理需要保证数据的可靠性和容错性。Structured Streaming 使用写入数据时采用了"写入一次"语义，将数据写入可维护的检查点目录中，以便在故障时恢复状态。如果出现故障，Structured Streaming 能够从检查点恢复数据并继续处理。

(2) 迟到数据处理：在实际应用中，有时会有迟到的数据到达，即数据到达的顺序不一定是按照时间顺序。Structured Streaming 提供了处理迟到数据的功能，可以设置一个时间窗口，允许一段时间内的迟到数据被视为有效，然后通过处理这些迟到数据来更新之前的计算结果。

(3) 水印：水印是一种时间戳，表示系统认为在这个时间之前的数据都已经到达。通过设置水印，可以控制迟到数据的处理方式。Structured Streaming 支持在事件时间上定义水印，从而使处理迟到数据更加灵活。

(4) 窗口操作：实时数据处理中常常需要基于时间窗口进行聚合计算，例如计算一段时间内的总销售额。Structured Streaming 提供了窗口操作的支持，可以轻松地在时间窗口上执行聚合操作。

(5) 状态管理：实时数据处理需要跟踪和管理状态，例如窗口操作需要跟踪窗口内的累积值。Structured Streaming 内置了状态管理机制，自动管理状态并将状态持久化到检查点。

下面主要介绍容错处理和迟到数据处理的内容。

1. 容错处理

检查点是容错处理的核心机制之一。Structured Streaming 会将关键状态信息写入检查点目录，这样即使在故障发生后，系统也能够从检查点恢复数据和状态。检查点记录了正在处理的数据、窗口操作的状态、水印等信息。在故障发生后，Structured Streaming 可以从最近的检查点恢复数据流，并继续处理。

Structured Streaming 提供了"写入一次"语义，确保每条记录仅会被处理一次，从而保证了数据处理的准确性。在输出操作(例如写入外部存储)中，Structured Streaming 会使用事务来确保数据的精确传递，这意味着即使在故障情况下，也不会发生数据的重复写入或丢失。不同数据处理语义的区别如表 6-4 所示。

表 6-4 数据处理语义的区别

数据处理语义	描述	适用场景
Exactly-once	确保每个数据只被处理一次，且不会丢失也不会重复处理	关键性应用，数据一致性要求高
At-least-once	确保每个数据至少被处理一次，但可能会导致数据重复处理	数据不丢失，但可能重复处理
At-most-once	确保每个数据最多被处理一次，但可能会导致数据丢失	数据可能丢失，但不会重复处理
None	没有数据处理保证，可能会导致数据丢失或重复处理	仅用于测试或临时性任务

下面是使用 Spark Structured Streaming 进行容错处理的简单示例代码，该示例使用检查点实现容错处理。假设有一个 Kafka 数据源，数据格式为 (timestamp: String, value: String)，希望计算每个窗口内的数据总数，代码如下：

```
import org.apache.spark.sql.SparkSession
import org.apache.spark.sql.functions._
import org.apache.spark.sql.streaming.Trigger

object FaultToleranceExample {
  def main(args: Array[String]): Unit = {
    val spark = SparkSession.builder()
      .appName("FaultToleranceExample")
      .getOrCreate()
```

```
// 从 Kafka 数据源读取数据
val kafkaStreamDF = spark.readStream
  .format("kafka")
  .option("kafka.bootstrap.servers", "localhost:9092")
  .option("subscribe", "input-topic")
  .load()

// 解析数据
val parsedStreamDF = kafkaStreamDF.selectExpr("CAST(value AS STRING) as data")
  .select(from_json(col("data"), "timestamp STRING, value STRING").alias("parsed"))
  .select("parsed.*")

// 使用窗口操作进行数据聚合
val resultStreamDF = parsedStreamDF
  .groupBy(window(col("timestamp"), "1 minute"))
  .agg(count("value").alias("count"))

// 写入结果到控制台
val query = resultStreamDF.writeStream
  .outputMode("update")
  .format("console")
  .trigger(Trigger.ProcessingTime("10 seconds"))
  .option("checkpointLocation", "checkpoint-path")
  .start()

query.awaitTermination()

spark.stop()
  }
}
```

在这个示例中，使用检查点 (.option("checkpointLocation", "checkpoint-path")) 来实现容错处理。检查点用于持久化状态信息，以便在故障情况下恢复。

2. 迟到数据处理

迟到数据处理是在实时数据流处理中处理因为网络延迟、传输时间等原因而在事件时间窗口已经结束后到达的数据的一种机制。在这种情况下，事件时间比数据进入计算系统的时间更为重要，因为它能够更准确地反映数据的实际发生顺序。

迟到数据处理的目标是确保计算系统能够适当地处理这些延迟到达的数据，而不会影响已经计算完成的事件时间窗口结果。这对于数据的准确性和实时性非常重要，尤其是在需要进行数据分析、聚合和决策的场景中。

Structured Streaming 通过水印机制来处理迟到数据，水印是一种带有时间戳的特殊数据记录，它传达了事件时间的进度信息。水印表示在水印时间点之前的事件都已经到达，这就为系统提供了判断迟到数据的依据。

在处理迟到数据时，Structured Streaming 可以通过以下步骤来实现：

(1) 定义水印：在数据流的处理过程中，使用 withWatermark 定义水印，它告诉系统在事件时间窗口后的一段时间内到达的数据都会被视为迟到数据。

(2) 窗口操作：使用窗口操作（如 groupBy 和聚合函数）对数据流进行处理。系统会根据水印的信息来判断数据是否属于迟到数据，如果属于迟到数据，则会根据配置的处理方式来处理。

(3) 处理方式：可以通过设置处理迟到数据的方式来保证计算结果的准确性。常见的处理方式有：

① 等待：等待迟到数据的到达，然后计算窗口结果。

② 延迟输出：将迟到数据保存起来，在下一个窗口中处理。

③ 丢弃：直接丢弃迟到数据。

通过使用水印和合适的处理方式，Structured Streaming 可以在保证实时性的同时处理迟到数据，确保计算结果的准确性和完整性。这对于各种实时数据分析和处理场景都非常重要，尤其是在需要进行实时监控、数据挖掘和决策支持的应用中。

水印的实现方法为在 Structured Streaming 中读取流数据时通过 withWatermark 方法指定水印，代码如下。

```scala
import org.apache.spark.sql.SparkSession
import org.apache.spark.sql.functions._
import org.apache.spark.sql.streaming.Trigger

object LateDataHandlingExample {
  def main(args: Array[String]): Unit = {
    val spark = SparkSession.builder()
      .appName("LateDataHandlingExample")
      .getOrCreate()

    // 读取流数据，设置事件时间字段和水印
    val inputStream = spark.readStream
      .format("csv")
      .schema("event_time TIMESTAMP, value STRING")
      .load("input-path")
      .withWatermark("event_time", "10 minutes")  // 水印规则：事件时间字段加上 10 min 的延迟

    // 定义窗口，并聚合计算
```

```
        val windowedStream = inputStream
            .groupBy(window($"event_time", "5 minutes", "1 minute"))
            .count()

        // 使用不同的策略处理迟到数据
        val query = windowedStream.writeStream
            .outputMode("update")              // 输出模式：更新
            .format("console")
            .trigger(Trigger.ProcessingTime("1 minute"))  // 触发器规则：每隔 1 min 触发一次处理
            .option("mode", "Append")          // 迟到数据处理模式：追加到旁边窗口

        query.start().awaitTermination()

        spark.stop()
    }
}
```

在上述代码中，通过 withWatermark 方法为流数据指定了一个水印，规定了事件时间字段 event_time 的水印生成和传播规则。同时，在定义窗口时，使用了窗口函数 window，并在输出时设置了触发器，实现了不同水印规则的处理。

当处理迟到数据时，通常会使用以下策略来处理：

(1) 默认策略 (默认行为)：在默认情况下，如果事件时间晚于水印时间，则数据将被丢弃，不会被处理。

(2) 早期触发策略：早期触发允许在水印时间之前触发处理，这对于一些延迟敏感的场景可能有用。使用 .trigger(Trigger.Early("5 minutes")) 来设置早期触发策略。

(3) 迟到数据到旁边窗口：可以将迟到数据分配到相邻的窗口中进行处理，这样可以保证数据不会被丢弃。使用 .option("mode", "Append") 来设置迟到数据的处理模式。

(4) 迟到数据更新窗口：如果想要迟到数据对已经输出的结果进行更新，可以使用 .outputMode("update") 来设置输出模式。这允许迟到数据更新窗口中已经计算的结果。

在以上示例代码中，使用了 .option("mode", "Append") 来设置迟到数据的处理模式，即将迟到数据追加到旁边窗口。这种方式可以确保迟到数据不会被丢弃，并且会在相邻的窗口中进行处理。

任务 6.2　模拟生成设备数据

6.2.1　设备数据生成工具

设备数据生成工具通常用于模拟生成大量的设备数据，以便在数据分析、测

试和开发过程中使用。这些工具可以帮助用户生成各种类型的设备数据，例如传感器数据、日志数据、网络流量等，以便进行实验、验证和性能测试。这些工具通常具有以下特点和功能：

(1) 可配置性：用户可以配置生成的数据的类型、数量、频率、范围等。这使得工具可以根据实际需求生成不同类型和规模的数据。

(2) 数据模板：工具通常提供一些数据模板或预定义的数据格式，用户可以根据需要进行修改和定制。这样可以确保生成的数据符合特定的数据模式和结构。

(3) 随机性：工具通常支持随机生成数据，以便模拟真实世界中的多样性和不确定性。

(4) 高性能：为了生成大规模的数据，这些工具通常会优化性能，以确保数据的生成速度快且效率高。

(5) 数据流模拟：工具支持生成连续的数据流，模拟实时数据生成的情况，以用于流处理和实时分析。

(6) 数据分布：工具可以根据特定分布生成数据，例如正态分布、均匀分布等，以模拟不同的数据分布情况。

(7) 时间戳生成：对于时间序列数据，工具通常支持生成时间戳，以模拟时间的流逝。

(8) 数据校验：工具提供数据校验功能，可以验证生成的数据是否符合预期的规则和约束。

(9) 导出选项：生成的数据可以导出为不同的数据格式，如CSV、JSON、Avro等，以便在其他工具中使用。

(10) 可视化：一些工具可能提供数据可视化功能，以便用户查看生成的数据样本或统计信息。

在大数据环境中，这些工具对于数据管道开发、性能测试、故障排除等方面都非常有用。通过模拟生成真实的设备数据，用户可以更好地理解和预测系统在不同负载和情况下的表现。

6.2.2 设备数据流处理

设备数据流处理是指对实时产生的设备数据进行实时处理和分析。这种处理通常发生在数据流传入系统之后，而不是在存储后进行批处理。设备数据流处理的主要目标是实时地从数据流中提取有价值的信息进行实时分析，并在数据流中应用各种数据处理和转换操作。

设备数据流处理的功能包括以下几方面：

(1) 数据收集与整合：从不同设备、传感器或数据源中收集实时产生的数据流。这些数据可能会以不同的格式、协议和频率传输，数据流处理系统需要将它们整合到一个统一的数据流中。

项目六 设备故障的实时监控

(2) 数据清洗与过滤：对数据进行清洗和过滤，去除无效或不合格的数据，确保数据质量。这可以包括去除重复数据、处理异常数据和噪声等。

(3) 实时计算与分析：对数据流进行实时处理，提取有用信息，包括计算实时统计、执行聚合操作、进行模式检测和进行实时预测等。

(4) 复杂事件处理：检测和处理复杂的事件或事件模式，例如检测到一系列特定的事件发生时触发某些操作。

(5) 时序处理：对时间序列数据进行处理，例如计算滑动窗口、固定窗口的聚合结果，以及计算滚动平均值等操作。

(6) 实时警报与通知：根据预定义的规则或条件，实时生成警报和通知。例如，当设备出现异常情况或超过特定阈值时，可以立即通知相关人员。

(7) 数据转换与格式化：对数据进行转换、映射和格式化，以便进一步存储、展示或传递给其他系统。

(8) 数据可视化：将处理后的数据可视化，以便用户能够实时监控设备状态和数据趋势。

(9) 实时决策支持：基于实时分析结果，支持实时决策和动态调整，可以在工业自动化、物联网、金融交易等领域发挥重要作用。

(10) 数据输出与存储：将处理后的数据输出到不同的数据存储系统，如数据库、数据湖等，以便长期存储和后续分析。

设备数据流处理旨在通过实时处理和分析，从设备数据中获取实时洞察和价值，支持实时决策和业务流程的优化，对于物联网、工业自动化、交通管理、金融交易等实时应用场景具有重要意义。

在测试阶段时，通常无法直接访问生产环境中的实时数据，因此需要生成模拟设备数据来进行测试和开发。生成模拟设备数据并保存为JSON格式可以通过多种编程语言和工具实现。下面的示例展示的是使用Scala生成模拟设备数据并将数据写入JSON文件，代码如下：

```scala
import java.io.PrintWriter
import java.util.concurrent.{ScheduledThreadPoolExecutor, TimeUnit}
import org.json4s.DefaultFormats
import org.json4s.JsonDSL._
import org.json4s.jackson.JsonMethods._

object DeviceDataGenerator {
  def main(args: Array[String]): Unit = {
    val outputFile = "device_data.json"
    val racks = List("rack1", "rack2", "rack3")  // 可用的机架列表
    val initialTemperature = 99.5
```

```
val executor = new ScheduledThreadPoolExecutor(1)
val writer = new PrintWriter(outputFile)

implicit val formats: DefaultFormats.type = DefaultFormats

val task = new Runnable {
  override def run(): Unit = {
    val timestamp = java.time.Instant.now().toString
    val randomRack = racks(scala.util.Random.nextInt(racks.length))   // 随机选择一个机架
    val currentTemperature = initialTemperature + scala.util.Random.nextDouble()   // 随机温度
    val jsonData = ("rack" -> randomRack) ~ ("temperature" -> currentTemperature) ~ ("ts" -> timestamp)
    val jsonString = compact(render(jsonData))

    writer.println(jsonString)
    writer.flush()
  }
}

// 每 5 s 调度任务运行
executor.scheduleAtFixedRate(task, 0, 5, TimeUnit.SECONDS)

// 运行任务一段时间
Thread.sleep(60000)

// 停止调度器并关闭写入器
executor.shutdown()
writer.close()

println("数据生成完成.")
}
}
```

上述代码会模拟生成设备数据并写入一个名为 device_data.json 的 JSON 文件中。代码会随机选择不同的机架，数据的温度每次会递增 1°，时间戳会使用当前时间。产生的 JSON 数据格式如下：

```
{"rack":"rack1","temperature":99.5,"ts":"2023-06-02T08:01:01"}
{"rack":"rack1","temperature":100.5,"ts":"2023-06-02T08:01:02"}
{"rack":"rack1","temperature":101.0,"ts":"2023-06-02T08:11:03"}
{"rack": "rack1","temperature":102.0,"ts":"2023-06-02T08:16:04"}
```

任务 6.3 实现设备故障的实时监控

6.3.1 设备故障监控系统架构

某公司的数据中心使用传感器实时监测所有计算机机架的温度。为了实现温度监控和故障排查，需要开发一个实时计温程序。该程序会按照预定的时间间隔，定期检测每个服务器机架的温度，并生成相应报告。报告中会包括所有计算机机架的平均温度以及每个机架在滑动显示窗口(时间长度为 10 min，滑动间隔为 5 min) 内的平均温度。通过这些数据，可以快速发现温度异常的机架，并进行故障排查。

为完成以上需求，主要任务包括：

(1) 实时温度监测：利用传感器获取计算机机架的温度数据，确保数据的实时性。

(2) 定期报告生成：按照设定的时间间隔，定期生成报告，包括所有机架的平均温度。

(3) 滑动窗口分析：在报告中，通过滑动窗口技术分析每个机架在过去 10 min 内的平均温度，以识别温度异常。

(4) 异常发现与故障排查：根据滑动窗口分析结果，快速定位温度异常的机架，进行故障排查和维护。

(5) 报告显示：报告中显示所有机架的平均温度以及温度异常的机架列表，为操作人员提供清晰信息。

通过这个实时测温程序，数据中心能够实时监测机架温度，及时发现温度异常，从而提高设备的可靠性和稳定性。

6.3.2 设备故障实时监控处理

设备故障实时监控处理是一种针对物理设备(如服务器、传感器、工业设备等)的实时监控和异常检测方案。它的目标是通过实时收集、处理和分析设备生成的数据，及时检测和响应可能出现的设备故障或异常情况，从而减少停机时间、提高设备的可靠性，并为维护人员提供及时的故障排查和维修指引。设备故障实时监控处理的流程分为以下几个步骤：

(1) 模拟生成数据：模拟生成设备数据，这些数据可以包括设备的状态、温度、电流等信息。数据以 JSON 格式表示，每个数据记录包含设备标识、状态、时间戳等。

(2) 数据写入 Kafka：为了实现高效的实时数据流处理、解耦数据生成和消费、保障数据的持久性和可靠性，以及支持横向扩展和实时数据分发，一般是将模拟生成的数据写入 Kafka，作为实时数据流。这可以通过使用生产者脚本或者使用 Spark Structured Streaming 等方式实现。将数据写入 Kafka 的主题中便于后续的实时处理。

(3) 数据流处理：使用 Spark Structured Streaming 等流处理框架，从 Kafka 主

题中读取实时数据流。数据流包含设备状态、温度等信息。

(4) 实时监控和故障检测：在数据流处理阶段，可以使用流处理框架提供的窗口操作、聚合函数等技术，实时监控设备状态和温度。通过分析实时数据，可以检测到设备是否出现异常或故障。

(5) 故障报警和通知：当检测到设备状态异常或温度超过阈值时，会触发故障报警机制。这可以通过发送通知、短信、邮件等方式通知维护人员。

(6) 故障分析和排查：如果检测到设备故障，可以通过分析实时数据、历史数据以及其他相关信息进行故障排查。这有助于确定故障原因并采取适当的维修措施。

(7) 实时监控面板：实时监控面板可以展示设备状态、温度变化趋势、故障信息等，帮助维护人员实时了解设备情况，快速做出响应。

(8) 数据存储和分析：将实时数据存储到适当的存储系统中，如 Hadoop HDFS、数据库等。这些数据可以用于后续的历史数据分析、趋势分析等。

为了实现数据流处理的目标，首先介绍如何将数据从 JSON 文件写入 Kafka。下面的 Scala 代码示例演示了如何使用 Structured Streaming 将 JSON 文件中的数据写入 Kafka 主题，代码如下：

```scala
import org.apache.spark.sql.SparkSession

object WriteJsonToKafka {
  def main(args: Array[String]): Unit = {
    val spark = SparkSession.builder()
      .appName("WriteJsonToKafka")
      .master("local[*]")                              // 使用本地模式运行
      .getOrCreate()

    val jsonFilePath = "path/to/your/json/file.json"   // 替换为 JSON 文件的路径
    val kafkaTopic = "your-kafka-topic"                // 替换为 Kafka 主题名

    val jsonData = spark.read.json(jsonFilePath)
    val kafkaStream = jsonData.selectExpr("to_json(struct(*)) AS value")

    val query = kafkaStream.writeStream
      .format("kafka")
      .option("kafka.bootstrap.servers", "localhost:9092")   //Kafka 服务器地址
      .option("topic", kafkaTopic)
      .start()

    query.awaitTermination()
  }
}
```

上述代码将从 JSON 文件中读取数据,将其转换为 JSON 字符串,并将其写入指定的 Kafka 主题。读者可以将 jsonFilePath 和 kafkaTopic 替换为实际路径和主题名。

然后介绍从 Kafka 读取数据进行数据分析。下面的 Scala 代码示例演示了如何使用 Structured Streaming 从 Kafka 主题中读取数据并进行简单的温度分析,代码如下:

```scala
import org.apache.spark.sql.{ForeachWriter, Row, SparkSession}
import org.apache.spark.sql.functions._
import org.apache.spark.sql.streaming.Trigger

object ReadDataFromKafkaAndWriteToMySQL {
  def main(args: Array[String]): Unit = {
    // 创建 SparkSession
    val spark = SparkSession.builder()
      .appName("ReadDataFromKafkaAndWriteToMySQL")
      .master("local[*]")                              // 使用本地模式运行
      .getOrCreate()

    //Kafka 主题名称
    val kafkaTopic = "your-kafka-topic"                // 替换为你的 Kafka 主题名

    // 从 Kafka 中读取数据流
    val kafkaStream = spark.readStream
      .format("kafka")
      .option("kafka.bootstrap.servers", "localhost:9092")  //Kafka 服务器地址
      .option("subscribe", kafkaTopic)
      .load()

    // 选择并解析 JSON 数据
    val jsonData = kafkaStream.selectExpr("CAST(value AS STRING)")
    val parsedData = jsonData.select(from_json($"value", "rack STRING, temperature DOUBLE, ts STRING").alias("data"))

    // 计算滑动窗口内的平均温度
    val windowedAvgTemp = parsedData
      .withColumn("ts", to_timestamp($"data.ts"))
      .groupBy(window($"ts", "10 minutes", "5 minutes"), $"data.rack")
      .agg(avg($"data.temperature").alias("avg_temperature"))
```

```scala
// 自定义数据写入 MySQL 的处理
val mysqlWriter = new MySQLForeachWriter("jdbc:mysql://localhost:3306/your_database", "your_user", "your_password")

// 将计算结果写入 MySQL 并触发计算和输出
val query = windowedAvgTemp.writeStream
  .outputMode("update")
  .foreach(mysqlWriter)                              // 使用自定义的写入器将数据写入 MySQL
  .trigger(Trigger.ProcessingTime("5 seconds"))      // 每 5 s 触发一次计算和输出
  .start()

query.awaitTermination()
  }
}

// 自定义数据写入 MySQL 的处理类
class MySQLForeachWriter(url: String, user: String, password: String) extends ForeachWriter[Row] {
  private var connection: Connection = _
  private var statement: PreparedStatement = _

  // 打开连接并初始化预处理语句
  def open(partitionId: Long, version: Long): Boolean = {
    connection = DriverManager.getConnection(url, user, password)
    statement = connection.prepareStatement("INSERT INTO temperature_data (rack, window_start, window_end, avg_temperature) VALUES (?, ?, ?, ?)")
    true
  }

  // 处理每行数据并将其写入数据库
  def process(record: Row): Unit = {
    val windowStart = record.getAs[org.apache.spark.sql.catalyst.util.Interval]("window").start
    val windowEnd = record.getAs[org.apache.spark.sql.catalyst.util.Interval]("window").end
    val rack = record.getAs[String]("rack")
    val avgTemperature = record.getAs[Double]("avg_temperature")
    statement.setString(1, rack)
    statement.setTimestamp(2, windowStart)
    statement.setTimestamp(3, windowEnd)
    statement.setDouble(4, avgTemperature)
    statement.executeUpdate()
  }
```

项目六 设备故障的实时监控

```
// 关闭连接
def close(errorOrNull: Throwable): Unit = {
  if (connection != null) {
    connection.close()
  }
}
}
```

上述代码实现了如何从 Kafka 读取数据并将实时温度分析结果写入 MySQL 8 数据库中。通过创建自定义的 MySQLForeachWriter 类，将计算结果按需写入数据库。在 ReadDataFromKafkaAndWriteToMySQL 的主程序中，将计算结果通过 foreach 写入 MySQL，并通过自定义的写入器实现数据写入逻辑。这样，除了在控制台显示计算结果外，还会将数据写入 MySQL 数据库，以供后续查询和分析。

 创新学习

本部分内容以二维码的形式呈现，可扫码学习。

 能力测试

1.（单选题）以下用于实时数据处理和输出的工具是（　　）。
A. IntelliJ IDEA　　　　　　B. Eclipse
C. Visual Studio　　　　　　D. NetBeans

2.（单选题）Structured Streaming 的特性中可以确保流处理过程中数据不会重复或丢失的是（　　）。
A. 微批处理　　　　　　　　B. SQL 查询支持
C. Exactly-Once 语义　　　　D. 多种数据源支持

3.（单选题）Structured Streaming 采用（　　）方式来保证实时数据处理的高效性。
A. 全量批处理　　　　　　　B. 流处理
C. 微批处理　　　　　　　　D. 分布式批处理

4.（判断题）Structured Streaming 中的数据源只能从 Kafka 获取数据。（　　）

5.（判断题）Structured Streaming 允许开发人员使用 SQL 查询语句处理流数据。（　　）

6. 简述什么是 Structured Streaming，它的主要特点有哪些。

7. 简述在设备故障监控系统中如何利用 Structured Streaming 实现实时数据处理。

8. 解释 Structured Streaming 中"更新模式"和"追加模式"的区别。

项目七　社交媒体评论情感分析

项目导入

完成社交媒体评论情感分析需要掌握 Spark MLlib 的基本概念、机器学习的工作流程、数据处理技能以及模型的应用等内容。在本项目中，除了介绍上述内容外，还将介绍如何使用 IntelliJ IDEA 工具进行数据收集和预处理，如何训练、评估情感分析模型，并最终展示情感分析的结果。

知识目标

- Spark MLlib 概述。
- 机器学习工作流程。
- 社交媒体评论数据概述。

能力目标

- 能够实现房产数据处理与输出。
- 能够实现情感分析模型训练与评估。

素质目标

- 提高对信息的理解、分析和应用能力。
- 提升科技素养，更好地理解和应用先进的技术。

项目导学

社交媒体已经成为人们交流、分享和表达情感的重要平台。在社交媒体上，用户经常发布各种评论和帖子，这些评论可以包含有关产品、事件、人物等各种主题的情感和观点。社交媒体评论情感分析是一项重要的任务，旨在分析文本评论的情感极性（如积极、消极或中性），以便了解公众对某一主题或事件的情感反应。

本项目将使用 Spark MLlib 来构建一个社交媒体评论情感分析模型。通过使用自然语言处理（Natural Language Processing，NLP）技术来处理和分析文本数据，以预测评论的情感极性。

任务 7.1　了解 Spark MLlib

7.1.1　Spark MLlib 概述

Spark MLlib 是 Apache Spark 生态系统中的一个关键组件，它提供了丰富的机器学习工具和算法，用于大规模数据处理和分析。MLlib 设计的目的是通过利用 Spark 的分布式计算能力来处理大规模数据集，并提供易于使用的 API，以便开发人员可以轻松构建和部署机器学习模型。

1. MLlib 的主要特点

Spark MLlib 能够成为大数据环境下机器学习首选工具的主要原因在于其诸多的显著特点：

(1) 分布式计算支持：MLlib 可以与 Spark 的分布式计算引擎紧密集成，充分利用集群计算资源，从而能够处理大规模数据集，加快模型训练和预测的速度。

(2) 丰富的算法库：MLlib 提供了广泛的机器学习算法，涵盖了分类、回归、聚类、推荐和降维等多个领域。这些算法已经在大规模数据上进行了优化，以提供高性能的计算。

(3) 易于使用的 API：MLlib 的 API 易于理解和使用，开发人员能够迅速构建机器学习应用程序，而无须深入了解分布式计算细节。

(4) 特征工程工具：MLlib 提供了丰富的特征工程工具，用于数据预处理、特征提取和特征转换，以此来帮助用户准备数据以便进行机器学习。

(5) 模型持久化：MLlib 支持模型持久化，可以将训练好的模型保存到磁盘中，以便将其部署到生产环境中进行实时预测。

(6) 可扩展性：MLlib 允许用户编写自定义的机器学习算法，并与现有的库集成，从而满足各种复杂问题的需求。

2. MLlib 的应用领域

Spark MLlib 在各种领域都有广泛的应用，包括但不限于以下几个方面：

(1) 推荐系统：MLlib 提供了协同过滤和基于内容的推荐算法，用于构建个性化推荐系统，如电影推荐、产品推荐等。

(2) 分类和回归：开发人员可以使用 MLlib 构建分类和回归模型，解决各种问题，如垃圾邮件检测、客户流失预测等。

(3) 聚类分析：MLlib 的聚类算法可用于分析和识别数据中的隐藏模式，如市场细分、异常检测等。

(4) 自然语言处理：MLlib 的工具和算法支持文本分类、情感分析、文本聚类等 NLP 任务。

(5) 图像分析：MLlib 可以与 Spark 图形处理库结合使用，支持图像分类、物体识别和图像分割等计算密集型任务。

(6) 实时预测：MLlib 的模型持久化功能允许将训练好的模型部署到实时流数据中进行实时预测，如广告点击率预测、欺诈检测等。

Spark MLlib 是一个功能强大且高度可扩展的机器学习库，为开发人员提供了在大规模数据集上构建和部署机器学习模型的工具和算法。其分布式计算能力和易于使用的 API 使其成为处理大数据的理想选择，适用于从推荐系统到自然语言处理和图像分析的各种应用领域。

7.1.2 机器学习工作流程

机器学习是一种强大的数据分析技术，它能够从数据中自动学习模式，以做出预测或决策。机器学习工作流程是一系列明确定义的步骤，用于开发、训练和部署机器学习模型。本小节将介绍通用的机器学习工作流程，以帮助读者理解如何构建和应用机器学习模型。

1. 数据收集与准备

机器学习的第一步是数据收集与准备，包括以下任务：

(1) 数据收集：收集与问题相关的数据，可以是结构化数据（如数据库中的表格数据）或非结构化数据（如文本、图像或音频）。

(2) 数据清洗：处理数据中的缺失值、异常值和重复值，数据质量对模型的性能至关重要。

(3) 特征工程：选择和构造适用于训练模型的特征，这可能涉及特征选择、特征变换和特征提取等操作。

2. 模型选择与训练

一旦数据准备就绪，下一步是选择合适的机器学习模型并进行训练，包括以下任务：

(1) 模型选择：根据问题的性质（分类、回归、聚类等）选择合适的模型类型，如决策树、支持向量机、神经网络等。

(2) 数据拆分：将数据拆分为训练集和测试集，用于训练和评估模型性能。交叉验证也是一种常用的数据拆分技术。

(3) 模型训练：使用训练集训练所选模型，通过反复调整模型参数来优化性能。

(4) 性能评估：使用测试集或交叉验证来评估模型的性能，通常使用的指标有准确率、召回率、F1 分数等。

3. 模型调优

在模型训练和性能评估之后，需要进行模型调优，包括以下任务：

(1) 超参数调优：调整模型的超参数（如学习率、树的深度等），以获得更好的性能。

(2) 特征选择：根据性能评估结果进一步优化特征选择，剔除不相关的特征。

4. 模型部署

一旦满足性能要求，就可以将模型部署到生产环境中，包括以下任务：

(1) 模型持久化：将训练好的模型保存到磁盘，以备部署使用。

(2) 部署模型：将模型集成到应用程序、服务或数据流中，以进行实时预测或决策。

5. 持续监测与维护

机器学习工作流程不止于部署，还包括持续监测和维护模型，任务如下：

(1) 模型监测：定期监测模型的性能，检测模型漂移(即模型随着时间推移性能下降的情况)。

(2) 模型更新：根据监测结果，可以选择更新模型或重新训练以适应新数据。

6. 文档记录与沟通

在整个机器学习工作流程中，文档记录和沟通至关重要。

(1) 文档记录：记录数据处理、特征工程、模型选择、训练参数等关键步骤，以便他人能够理解和重现工作。

(2) 沟通：与团队成员及利益相关者分享结果，解释模型决策和性能。

7.1.3 房产数据处理与输出

在机器学习项目中，数据处理是一个至关重要的步骤，它涉及数据的收集、清洗、特征工程和准备，以及最终的数据输出。下面的示例将演示如何使用 Scala 和 Spark MLlib 生成模拟的房产数据，并进行数据预处理。然后，将训练一个线性回归模型来预测房价，并评估模型性能。

1. 生成模拟房产数据

首先，生成一个模拟的房产数据集，包括房屋的特征(面积、卧室数量、浴室数量)和房价(目标变量)。这些数据将被用于模型训练和测试。模拟生成数据，代码如下：

```scala
import org.apache.spark.sql.{SparkSession, DataFrame}
import org.apache.spark.sql.functions._

// 创建 SparkSession
val spark = SparkSession.builder()
  .appName("HousePricePrediction")
  .getOrCreate()

// 生成模拟数据
val numHouses = 100
val dirtyDataFraction = 0.1   //10% 的数据是脏数据
```

```
val data = spark.range(0, numHouses)
  .withColumn("Area", (rand() * 1700 + 800).cast("int"))          // 面积
  .withColumn("Bedrooms", (rand() * 5 + 2).cast("int"))           // 卧室数量
  .withColumn("Bathrooms", (rand() * 3 + 1).cast("int"))          // 浴室数量
  .withColumn("Price", 1000 * col("Area") + 300 * col("Bedrooms") + 2000 * col("Bathrooms") + (rand() * 15000).cast("int"))   // 房价
  .withColumn("Price", when(rand() < dirtyDataFraction, col("Price") + (rand() * 20000 - 10000).cast("int")).otherwise(col("Price")))   // 添加脏数据

data.show()
```

通过以上代码可以生成一个模拟数据集，该数据集包括以下列：

(1) id：数据的唯一标识符。

(2) Area：房屋的面积。

(3) Bedrooms：卧室数量。

(4) Bathrooms：浴室数量。

(5) Price：房价（目标变量）。

该数据集的内容如下：

```
+---+----+--------+---------+-----+
| Id|Area|Bedrooms|Bathrooms|Price|
+---+----+--------+---------+-----+
|  0|1089|       4|        3|51223|
|  1|1582|       2|        1|21144|
|  2| 982|       4|        1|11174|
|  3|1129|       4|        2|27263|
|  4| 849|       5|        2|23058|
|  5|1275|       2|        3|25856|
|  6|1397|       3|        1|10517|
|  7|1581|       5|        1|15406|
|  8|1310|       3|        2|24641|
|  9|1670|       3|        1|16098|
| 10|1428|       2|        3|28819|
| 11|1519|       3|        1|13394|
| 12|1261|       4|        1|11008|
| 13| 974|       5|        2|20887|
| 14|1110|       3|        2|17497|
| 15|1561|       3|        3|24778|
| 16|1674|       2|        1|14523|
| 17|1174|       4|        3|37159|
| 18|1562|       3|        3|32284|
```

```
|  19|1219|         4|         3|    0|
+---+----+----------+----------+-----+
```
only showing top 20 rows

2. 数据预处理

数据预处理是机器学习项目中的关键步骤，它包括处理缺失值、异常值、标准化、特征工程等。下面的示例将模拟一些脏数据，并使用 Spark MLlib 进行数据预处理。

观察数据后发现，存在房价为零的情况，这种数据对模型的训练会产生不良影响。因此，需要对这些数据进行清洗，以实现数据预处理的目标。以下是关键代码示例：

```
// 去除脏数据
val cleanData = data.filter(col("Price") >= 0)    // 脏数据的房价小于 0
```

3. 导入依赖和拆分数据集

在这一步中，将导入所需的 Scala 和 Spark 依赖，并将数据集分为训练集和测试集，以便模型训练和评估。

Maven 依赖配置的代码如下：

```xml
<dependencies>
    <!-- Spark Core -->
    <dependency>
        <groupId>org.apache.spark</groupId>
        <artifactId>spark-core_2.13</artifactId>
        <version>3.4.0</version>
    </dependency>

    <!-- Spark SQL -->
    <dependency>
        <groupId>org.apache.spark</groupId>
        <artifactId>spark-sql_2.13</artifactId>
        <version>3.4.0</version>
    </dependency>

    <!-- Spark MLlib -->
    <dependency>
        <groupId>org.apache.spark</groupId>
        <artifactId>spark-mllib_2.13</artifactId>
        <version>3.4.0</version>
    </dependency>
</dependencies>
```

在机器学习项目中，特征向量化和数据集拆分是两个重要的步骤，它们对模型训练和性能评估都具有关键作用。

(1) 特征向量化。

在机器学习中，模型的输入通常是一个特征向量，而不是原始数据的集合。特征向量包含了对于模型预测的目标变量有影响的特征。因此，特征向量化是将原始数据中的各种特征转化为可用于模型训练的数值向量的过程。

特征向量化将数据统一到相同的格式，使得模型可以处理。这是因为机器学习算法通常要求输入数据的格式是数值向量，而不同特征可能具有不同的数据类型 (例如面积是整数，卧室数量是整数，浴室数量是整数)。通过特征向量化，可以将所有特征都转化为数值特征，使它们可以在相同的尺度上进行比较。

正确的特征选择和向量化可以提高模型的性能，可以帮助模型更好地捕捉数据中的模式和关联，从而提高模型的准确性。

(2) 数据集拆分。

在机器学习中，通常需要评估模型的性能，以确定模型对新数据的泛化能力。为了评估模型，需要一个独立的数据集，即测试集，它不是用于模型训练的。

将数据集分为训练集和测试集有助于防止模型过拟合。过拟合是指模型在训练数据上表现很好，但在新数据上表现糟糕的情况。通过使用独立的测试集，可以更好地了解模型是否过拟合，并采取必要的措施来改进模型。

在模型选择和调优阶段，通常需要使用验证集来选择最佳的模型超参数 (如正则化参数的值)。验证集是从训练数据中分离出来的，用于评估不同超参数设置的性能。

特征向量化和数据集拆分的代码如下：

```
import org.apache.spark.ml.feature.VectorAssembler
import org.apache.spark.ml.regression.LinearRegression
import org.apache.spark.ml.{Pipeline, PipelineModel}
import org.apache.spark.ml.evaluation.RegressionEvaluator

// 特征向量化
val featureCols = Array("Area", "Bedrooms", "Bathrooms")
val assembler = new VectorAssembler()
  .setInputCols(featureCols)
  .setOutputCol("features")
val dataWithFeatures = assembler.transform(data)

// 拆分数据集为训练集和测试集
val Array(trainData, testData) = dataWithFeatures.randomSplit(Array(0.8, 0.2), seed = 42)
```

4. 训练线性回归模型

线性回归是一种常见的统计方法，用于建立输入特征 (自变量) 和输出目标

(因变量)之间的线性关系。它假设这种关系可以表示为一个线性方程,其中输入特征与输出目标之间存在一组权重和偏差,可以通过训练模型来学习。

线性回归模型的一般形式可以表示为

$$Y = \beta_0 + \beta_0 X_1 + \beta_2 X_2 + \cdots + \beta_0 X_n + \varepsilon$$

其中:Y 是输出目标(房价等);$X_1, X_2, \cdots, X_n$ 是输入特征;β_0 是截距项(偏差);$\beta_1, \beta_2, \cdots, \beta_n$ 是输入特征的权重;ε 是误差项,表示模型无法解释的随机噪声。

线性回归的目标是找到最佳的权重和截距项,以使模型的预测尽可能接近实际观测值。

线性回归模型通常用于以下任务:

(1) 回归问题:当目标变量是连续值时,线性回归可用于回归问题,如房价预测、销售预测等。

(2) 关联分析:线性回归可用于分析输入特征与输出目标之间的相关性。

(3) 趋势分析:线性回归可用于分析数据的趋势,以便预测未来的趋势。

在 Spark 中使用线性回归模型的代码如下:

```
// 创建线性回归模型
val lr = new LinearRegression()
    .setLabelCol("Price")           // 设置目标变量列的名称
    .setFeaturesCol("features")     // 设置特征向量列的名称

// 创建机器学习流水线
val pipeline = new Pipeline()
    .setStages(Array(lr))           // 设置模型为流水线的一个阶段

// 使用训练数据训练模型
val model = pipeline.fit(trainData)
```

在这个示例中,创建了一个线性回归模型 lr,指定了目标变量列 Price 和特征向量列 features。将模型放入机器学习流水线 pipeline 中,使用训练数据 trainData 来训练模型。模型训练后,即可使用它来进行房价预测等任务。

任务 7.2 数据处理与模型应用

7.2.1 数据收集与准备

在进行情感分析或文本分类任务之前,数据的收集与准备是非常重要的步骤。本小节将介绍如何进行数据收集与准备,以便于后续的模型训练和评估。

1. 数据收集

数据的质量和数量直接影响模型的性能,因此数据收集是情感分析项目的关键步骤。数据可以有各种来源,包括社交媒体、评论、新闻文章等。以下是一些

数据收集的常见途径:

(1) 爬虫技术:可以使用网络爬虫工具从互联网上收集文本数据,但需要确保遵守网站的使用政策和法律法规。

(2) 开放数据集:有些机构或研究者会公开提供数据集,可以通过数据集门户或开放数据平台获取数据。

(3) 自动生成数据:如果没有现成的数据,也可以通过模拟或生成数据来进行实验和训练模型。

2. 数据准备

一旦数据收集完成,接下来需要进行数据准备,以满足模型训练的要求。以下是数据准备的一些关键步骤:

(1) 数据清洗:数据可能包含噪声、缺失值或不一致的部分,需要进行数据清洗以去除这些问题。常见的数据清洗任务包括去除重复值、处理缺失值、纠正数据格式等。

(2) 文本预处理:对于文本数据,通常需要进行文本预处理,包括分词、去除停用词、词干化或词形还原等操作,以将文本转化为模型可处理的形式。

(3) 标签编码:如果数据的标签是文本或字符串形式,需要将其编码为数字,以便机器学习模型能够理解。这通常涉及创建标签映射表。

(4) 数据划分:数据需要划分为训练集、验证集和测试集。训练集用于模型训练,验证集用于调优模型超参数,测试集用于评估模型性能。

(5) 特征工程:根据任务的需求,可以进行特征工程,创建额外的特征或转换特征,以提高模型性能。

(6) 数据格式化:最终数据应该以模型所需的格式进行组织,例如构建特征向量或张量。

数据收集与准备是情感分析项目的基础,它们的质量和准确性直接影响到后续模型的效果。因此,在进行数据处理时要特别谨慎,并遵循最佳实践,以确保数据的可用性和适用性。

下面的示例代码演示了如何进行数据收集与准备,以用于情感分析的文本分类任务。

首先,导入所需的包和创建 SparkSession,代码如下:

```
import org.apache.spark.sql.SparkSession
import org.apache.spark.ml.feature.{RegexTokenizer, StopWordsRemover, StringIndexer}
import org.apache.spark.sql.functions._
import org.apache.spark.sql.DataFrame


// 创建 SparkSession
val spark = SparkSession.builder()
  .appName("SentimentAnalysis")
  .getOrCreate()
```

然后，从 CSV 文件中收集数据。有一个包含文本和标签的 CSV 文件，其中 content 列包含文本数据，label 列包含情感标签，代码如下：

```
// 数据收集
val data = spark.read.option("header", "true").csv("sentiment_data.csv")
```

最后，进行数据准备的步骤。

① 去除缺失值，代码如下：

```
// 数据准备 - 数据清洗：去除缺失值
val cleanedData = data.na.drop()
```

② 进行文本预处理，包括分词和去除停用词，代码如下：

```
// 数据准备 - 文本预处理：分词和去除停用词
val tokenizer = new RegexTokenizer()
  .setInputCol("content")
  .setOutputCol("words")
  .setPattern("\\W")   // 使用非单词字符进行分词

val remover = new StopWordsRemover()
  .setInputCol("words")
  .setOutputCol("filtered_words")

val processedData = remover.transform(tokenizer.transform(cleanedData))
```

③ 将情感标签映射为数字，代码如下：

```
// 数据准备 - 标签编码：将情感标签映射为数字
val labelIndexer = new StringIndexer()
  .setInputCol("label")
  .setOutputCol("label_index")

val indexedData = labelIndexer.fit(processedData).transform(processedData)
```

④ 将数据划分为训练集和测试集，代码如下：

```
// 数据准备 - 数据划分：划分为训练集和测试集
val Array(trainData, testData) = indexedData.randomSplit(Array(0.8, 0.2), seed = 42)
```

至此，数据收集与准备的代码完成。

7.2.2 特征工程与模型训练

在情感分析任务中，特征工程和模型训练是关键步骤。特征工程旨在将文本数据转换为可供机器学习模型处理的特征表示，而模型训练则涉及选择和训练适当的机器学习模型。

1. 文本特征工程

在特征工程阶段，首先进行文本预处理，包括分词、去除停用词等。特征工程代码示例如下：

```
// 数据准备 - 文本预处理：分词和去除停用词
val tokenizer = new RegexTokenizer()
  .setInputCol("content")
  .setOutputCol("words")
  .setPattern("\\W")      // 使用非单词字符进行分词

val remover = new StopWordsRemover()
  .setInputCol("words")
  .setOutputCol("filtered_words")

val processedData = remover.transform(tokenizer.transform(cleanedData))
```

上述代码使用正则表达式进行分词，并去除了停用词，生成了 filtered_words 列，其中包含了经过预处理的文本数据。

2. 特征向量化

文本预处理完成后需要将文本数据转换为数值特征向量，以便机器学习模型可以处理。常用的方法之一是词袋模型 (Bag of Words)，可以使用 CountVectorizer 或 TF-IDF 等工具进行向量化，代码如下：

```
import org.apache.spark.ml.feature.{CountVectorizer, CountVectorizerModel}

// 特征向量化：使用词袋模型
val vectorizer = new CountVectorizer()
  .setInputCol("filtered_words")
  .setOutputCol("features")
  .setVocabSize(1000)    // 限定词汇表大小
  .setMinDF(2)           // 最小文档频率

val featureVectorData = vectorizer.fit(processedData).transform(processedData)
```

上述代码使用 CountVectorizer 将文本数据转换为特征向量，并生成了 features 列，其中包含数值特征表示。

3. 模型训练

一旦完成特征工程，就可以选择和训练适当的机器学习模型。在情感分析任务中，常见的模型包括支持向量机 (Support Vector Machine，SVM)、朴素贝叶斯 (Naive Bayes)、神经网络 (如 LSTM) 等。首先，需要导入必要的 Spark 库和机器学习模型库，以便进行分类模型的训练和评估，代码如下：

```
import org.apache.spark.ml.classification.{LinearSVC, NaiveBayes, RandomForestClassifier}
import org.apache.spark.ml.evaluation.MulticlassClassificationEvaluator
import org.apache.spark.ml.tuning.{ParamGridBuilder, CrossValidator}
```

然后，创建3种不同的分类模型：支持向量机、朴素贝叶斯和随机森林(Random Forest)。对每个模型指定一些参数，如最大迭代次数、正则化参数等。

(1) 创建支持向量机模型，代码如下：

```
val svm = new LinearSVC()
  .setMaxIter(100)
  .setRegParam(0.01)
  .setFeaturesCol("features")
  .setLabelCol("label")
```

(2) 创建朴素贝叶斯模型，代码如下：

```
val naiveBayes = new NaiveBayes()
  .setSmoothing(1.0)
  .setModelType("multinomial")
  .setFeaturesCol("features")
  .setLabelCol("label")
```

(3) 创建随机森林模型，代码如下：

```
val randomForest = new RandomForestClassifier()
  .setNumTrees(100)
  .setMaxDepth(10)
  .setFeaturesCol("features")
  .setLabelCol("label")
```

为了评估模型的性能，接下来将使用多类分类的评估器，并设置要评估的标签列和预测列，代码如下：

```
val evaluator = new MulticlassClassificationEvaluator()
  .setLabelCol("label")
  .setPredictionCol("prediction")
  .setMetricName("accuracy")
```

使用 Pipeline 来组织数据预处理和模型训练过程，确保每个模型都经历相同的数据处理步骤。

(1) 创建支持向量机模型的 Pipeline，代码如下：

```
val svmPipeline = new Pipeline()
  .setStages(Array(vectorizer, svm))
```

(2) 创建朴素贝叶斯模型的 Pipeline，代码如下：

```
val nbPipeline = new Pipeline()
  .setStages(Array(vectorizer, naiveBayes))
```

(3) 创建随机森林模型的 Pipeline，代码如下：

```
val rfPipeline = new Pipeline()
  .setStages(Array(vectorizer, randomForest))
```

为每个模型创建一组参数网格，以便进行超参数调优，代码如下：

```
val svmParamGrid = new ParamGridBuilder()
```

```
    .addGrid(svm.regParam, Array(0.01, 0.1, 1.0))
    .build()
val nbParamGrid = new ParamGridBuilder()
    .addGrid(naiveBayes.smoothing, Array(0.1, 1.0, 10.0))
    .build()
val rfParamGrid = new ParamGridBuilder()
    .addGrid(randomForest.maxDepth, Array(5, 10, 15))
    .build()
```

为每个模型创建交叉验证评估器,并将其用于模型选择和性能评估,代码如下:

```
val svmCV = new CrossValidator()
    .setEstimator(svmPipeline)
    .setEvaluator(evaluator)
    .setEstimatorParamMaps(svmParamGrid)
    .setNumFolds(5)

val nbCV = new CrossValidator()
    .setEstimator(nbPipeline)
    .setEvaluator(evaluator)
    .setEstimatorParamMaps(nbParamGrid)
    .setNumFolds(5)

val rfCV = new CrossValidator()
    .setEstimator(rfPipeline)
    .setEvaluator(evaluator)
    .setEstimatorParamMaps(rfParamGrid)
    .setNumFolds(5)
```

7.2.3 模型评估与部署

本小节将讨论如何评估不同模型的性能,并选择最佳模型进行部署。首先定义多个分类模型,然后使用交叉验证评估它们的性能,最后将选择性能最佳的模型进行部署,以用于情感分析任务。

1. 训练和评估模型

在 7.2.2 小节已经创建了 3 个不同的分类模型,即支持向量机、朴素贝叶斯和随机森林。接下来,使用交叉验证来评估它们的性能,并选择性能最佳的模型,代码如下:

```
// 训练并评估支持向量机模型
val svmModel = svmCV.fit(trainData)
val svmPredictions = svmModel.transform(testData)
```

项目七 社交媒体评论情感分析   179

```
val svmAccuracy = evaluator.evaluate(svmPredictions)
println(s"Support Vector Machine (SVM) Accuracy: $svmAccuracy")

// 训练并评估朴素贝叶斯模型
val nbModel = nbCV.fit(trainData)
val nbPredictions = nbModel.transform(testData)
val nbAccuracy = evaluator.evaluate(nbPredictions)
println(s"Naive Bayes Accuracy: $nbAccuracy")

// 训练并评估随机森林模型
val rfModel = rfCV.fit(trainData)
val rfPredictions = rfModel.transform(testData)
val rfAccuracy = evaluator.evaluate(rfPredictions)
println(s"Random Forest Accuracy: $rfAccuracy")
```

在以上代码中，使用交叉验证分别训练了支持向量机、朴素贝叶斯和随机森林模型，并计算了它们在测试集上的准确性。通过打印准确性，可以比较不同模型的性能。

2. 选择最佳模型

在评估了多个模型之后，需要选择性能最佳的模型进行部署。通常会选择具有最高准确性或其他适当指标的模型，代码如下：

```
// 选择性能最佳的模型
val bestModel = if (svmAccuracy > nbAccuracy && svmAccuracy > rfAccuracy) {
  svmModel.bestModel
} else if (nbAccuracy > rfAccuracy) {
  nbModel.bestModel
} else {
  rfModel.bestModel
}
```

在以上代码中，选择了在测试集上表现最佳的模型，并将其存储在 bestModel 中，以备后续部署使用。

3. 模型部署

模型部署通常涉及将训练好的模型应用于实际数据，以进行预测或分类。部署的具体方式取决于应用场景和需求，可以选择将模型嵌入到应用程序中，将其部署为 Web 服务或在大规模数据处理平台上运行。

在完成了模型的评估和选择后，已经迈出了部署模型的第一步，接下来的工作将涉及将模型整合到实际应用中，以实现情感分析任务的自动化处理。模型的部署和应用是整个数据科学和机器学习工作流程中的重要环节，需要综合考虑系统性能、数据流程和用户需求等因素。

任务 7.3　对社交媒体评论数据进行情感分析

7.3.1　社交媒体评论数据概述

社交媒体评论数据含有丰富信息，这些信息涵盖各种主题和情感，反映了公众的情感和看法，是深入了解人民群众意愿的重要资源，也为党的领导提供了宝贵信息。

社交媒体评论数据广泛存在于 Twitter、微博、Instagram、YouTube 等平台，以及各种在线论坛和新闻评论中。这一数据的多样性使其适用于各领域的情感分析和洞察，包括政治、体育、娱乐、科技、健康、旅游等。因此，这些数据不仅反映了多元化的民意，也为不同领域的政策制定和决策提供了重要参考。

在社交媒体评论数据中，情感表达是一个关键特征。用户可以表达积极、消极或中性的情感，这对于了解他们对特定主题的态度至关重要。情感分析不仅可以帮助确定公众情感倾向，还有助于识别潜在问题或挑战，衡量品牌声誉和产品满意度。这些信息对于政策制定、品牌管理以及改进工作具有重要指导意义，与党的全面领导相辅相成。然而，社交媒体评论数据也伴随一些挑战，如数据噪声问题。用户的评论可能包含错别字、网络用语和拼写错误，需要更高级的自然语言处理技术来处理。这要求我们不仅面对这些挑战，还要及时处理大规模和高速生成的数据，以捕获并响应公众的情感和反馈。

总之，社交媒体评论数据是有价值的信息资源，可用于深入了解公众观点、情感趋势和产品反馈。通过有效的数据处理和分析工具，我们能够更好地回应人民的需求，改进工作，提高党的全面领导水平，推动中国特色社会主义事业向前发展。

7.3.2　数据收集与预处理

在进行社交媒体评论数据的情感分析之前，首要任务是进行数据的收集与预处理。这一阶段涉及从不同来源获取数据，并确保数据质量以便后续的分析。以下是数据收集与预处理的关键步骤。

1. 数据获取

社交媒体评论数据可以从多种途径获取，常见来源包括：

(1) 社交媒体平台 API。通过社交媒体平台的开放 API（如 Twitter API、Facebook Graph API）获取数据。这些 API 允许按关键词、用户或主题进行查询，以收集相关评论数据。

(2) 网络爬虫。使用网络爬虫技术从社交媒体网站或论坛上抓取评论数据。这需要谨慎处理，要遵守网站的数据使用政策。

(3) 数据集购买。有时可以购买商业数据集，这些数据集可能包括已经收集和清洗的社交媒体评论数据。

(4) 用户生成数据。如果自己运营一个社交媒体平台或应用程序，可以收集用户生成的评论数据。

2. 数据清洗与预处理

数据被收集后需要进行数据清洗与预处理。这有助于确保数据的质量和一致性，以便进行情感分析。

数据清洗包括几个关键步骤。首先，移除评论中的噪声信息，如特殊字符、HTML 标签和 URL 链接，以净化数据。然后，检测并处理缺失的评论或特征，确保数据的完整性。此外，还需要去除重复的评论，以确保数据的唯一性。最后，通过拼写检查和修正来减少拼写错误对情感分析的干扰。

在文本预处理阶段，首先对评论文本进行分词，将其拆分为单词或词汇单元，便于进一步分析。然后去除常见的停用词，这些词通常对情感分析无关紧要。接着进行词干化或词形还原，将单词简化为其基本形式，减少词汇多样性对分析的影响。最后根据具体需求提取相关特征，如 TF-IDF 权重或词袋模型，以便进行深入的情感分析。

3. 数据读取

以使用微博文本数据进行情感分析为例，首先要了解原始微博文本数据，读取 CSV 格式的文本数据，数据和代码放在同一个文件夹下，并用 data.na.drop() 函数去除空值，代码如下：

```scala
import org.apache.spark.sql.SparkSession

// 创建 SparkSession
val spark = SparkSession.builder()
  .appName("WeiboSentimentAnalysis")
  .getOrCreate()

// 读取 CSV 文件
val data = spark.read
  .format("csv")
  .option("header", "true")       // 如果 CSV 文件有标题行，则使用 "true"，否则使用 "false"
  .option("inferSchema", "true")  // 推断列的数据类型
  .load("weibo_senti_100k.csv")

// 去除数据集中的空值
val cleanedData = data.na.drop()

// 输出数据结构
```

```
println(s" 数据结构 : ${cleanedData.columns.length} 列 x ${cleanedData.count()} 行 ")
cleanedData.show(5)                // 显示前 5 行数据
```

处理后的微博文本数据总量是 119 988 条记录，label 的 1 表示正面评论，0 表示负面评论。运行结果如下：

```
  label  review
0  1     更博了，爆照了，帅的呀，就是越来越爱你！ [ 爱你 ][ 爱你 ][ 爱你 ]
1  1     @ 张晓鹏 jonathan 土耳其的事要认真对待 [ 哈哈 ]，否则直接开除。@ 丁丁看世界 很是细心 ...
2  1     姑娘都羡慕你呢…还有招财猫高兴……//@ 爱在蔓延 -JC:[ 哈哈 ] 小学徒一枚，等着明天见您呢 /...
3  1     美 ~~~~~[ 爱你 ]
4  1     梦想有多大，舞台就有多大 ![ 鼓掌 ]
```

上述微博文本里有中文、英文，还有数字、符号，甚至还有各种各样的表情等，因此需要进行后续处理。

4. 分词

原始微博文本数据已经准备好，接下来对文本内容进行分词处理。分词就是将一句话或一段话划分成一个个独立的词，目前有大量用于分词的工具，如 ansj_seg、lucene-analyzer 和 HanLP 等。ansj_seg(又称 IK 分词) 是一种流行的中文分词工具，它提供了高效的分词功能，支持用户词典的自定义扩展。在 Spark 中，可以使用 ansj_seg 库进行中文分词操作。

为了能够在 spark 中使用 ansj_seg 库，需要在 maven 中增加以下依赖，添加配置如下：

```
<!-- ansj_seg -->
  <dependency>
    <groupId>org.ansj</groupId>
    <artifactId>ansj_seg</artifactId>
    <version>5.1.3</version><!-- ansj_seg 版本号 -->
  </dependency>
```

在 ansj_seg(Ansj 中文分词器) 中，ToAnalysis.parse(text) 函数的输入参数是待分词的文本字符串，其中 text 是一个字符串参数，表示要进行分词处理的文本内容。需要将待分词的文本作为这个参数传递给 ToAnalysis.parse() 函数，函数对输入的文本进行中文分词，将文本拆分成一个个词语或词汇单元，以便进一步进行文本处理和分析。函数返回一个包含分词结果的数据结构，通常是一个包含分词后词语的列表或序列，代码如下：

```
import org.ansj.splitWord.analysis.ToAnalysis
import org.apache.spark.sql.functions._
// 定义 UDF 来执行中文分词
```

```
val segmentUDF = udf((text: String) => {
  val result = ToAnalysis.parse(text)          // 使用 ansj_seg 进行分词
  result.toStringWithOutNature(" ").split(" ") // 将分词结果以空格分隔为数组
})

// 对数据集应用分词 UDF 并创建新列 'data_cut'
val segmentedData = data.withColumn("data_cut", segmentUDF(col("review")))
```

执行结果如图 7-1 所示。

label	review	data_cut
0	1	更博了，爆照了，帅的呀，就是越来越爱你！生快傻缺[爱你][爱你][爱你]	[,更博,了,,,爆照,了,,,帅,的,呀,,,就是,越来越,爱...
1	1	@张晓鹏jonathan 土耳其的事要认真对待[哈哈]，否则直接开除。@丁丁看世界 很是细心...	[@,张晓鹏, jonathan, ,土耳其, ,的,事要, ,认真对待, [, 哈哈,...
2	1	姑娘都羡慕你呢...还有招财猫高兴......//@爱在蔓延-JC:[哈哈]小学徒一枚，等着明天见您呢/...	[姑娘, 都, 羡慕, 你, 呢, ,, 还有, 招财猫, 高兴, ..., ., /, /,...
3	1	美~~~~[爱你]	[美, ~, ~, ~, ~, ~, [, 爱, 你,]]
4	1	梦想有多大，舞台就有多大![鼓掌]	[梦想, 有, 多, 大, ,, 舞台, 就, 有, 多, 大, !, [鼓掌,]]

图 7-1 分词结果

由分词结果可以看出，有很多的标点符号、空格等与情感分析无关的词语，因此接下来需要进行去停用词。

5. 去停用词

停用词是指在信息检索中为节省存储空间和提高搜索效率，在处理自然语言数据(或文本)之前或之后自动过滤掉某些字或词，这些字或词被称为停用词。在图 7-1 中，分词之后有很多无用字符或一些助词，包括语气助词、副词、介词连接词等，通常自身并无明确的意义，只有将其放入一个完整的句子中才有一定作用，如常见的"的""在"等，这些都需要去掉。常见停用词如图 7-2 所示。

图 7-2 常见停用词

去除这些停用词,可以把微博的评论数据清理一遍,将去停用词后的数据存放在新建立的 data_after 中,代码如下:

```
// 读取停用词文件
val stopWordsPath = "stopword.txt"                                          // 停用词文件路径
val stopWordsRDD = spark.sparkContext.textFile(stopWordsPath)
val stopWords = stopWordsRDD.collect().map(_.replaceAll(" |\n|\ufeff", ""))  // 替换停用词表的空格等

// 定义 UDF 来去除停用词
val removeStopWordsUDF = udf((words: Seq[String]) => words.filter(word => !stopWords.contains(word)))

// 去除停用词并创建新列 'data_after'
val dataWithStopWordsRemoved = segmentedData.withColumn("data_after", removeStopWordsUDF(col("data_cut")))

// 显示去除停用词后的数据
dataWithStopWordsRemoved.show(truncate = false)
```

执行结果如图 7-3 所示。

图 7-3 去停用词结果

6. 词向量

从图 7-3 中的 data_cut 列可以观察到,已经对微博数据进行了充分的处理,以确保尽可能地保留了原始信息。在自然语言处理领域,数据的处理是关键步骤之一。这一处理过程旨在将自然语言文本转化为可供机器理解和分析的结构化数据形式。

词向量 (Word Vectors) 也被称为词嵌入 (Word Embeddings),是自然语言处理领域中的一种重要技术,用于将单词或词汇从高维的文本空间映射到低维的向量空间。词向量的核心思想是通过数学方式将文本中的词语转换为实数向量,使每个词语都可以在向量空间中表示为一个具有实际意义的向量,代码如下:

```
// 将所有词语整合在一起
val w = dataWithStopWordsRemoved.select(explode(col("data_after")).alias("word"))
val numData = w.groupBy("word").count().withColumnRenamed("count", "word_count")

// 添加词语的序号
```

```
val numDataWithId = numData.withColumn("id", row_number().over(Window.orderBy("word_count")))

// 转化成数字
val numDataBroadcast = broadcast(numDataWithId)  // 广播变量以提高性能
val convertToId = udf((words: Seq[String]) => words.map(word => numDataBroadcast.filter(col
("word") === word).select("id").first().getInt(0)))
val dataWithVec = dataDF.withColumn("vec", convertToId(col("data_after")))

// 显示包含词向量的数据
dataWithVec.show()
```

在这个示例中，首先使用 explode 函数将所有的词语整合在一起；然后通过分组和计数来计算每个词语的出现次数；接着使用窗口函数 row_number 为每个词语添加一个唯一的序号；最后使用广播变量将词语与其对应的序号关联，并创建一个 UDF 来将文本数据中的词语映射为词语的序号。最终，将包含词向量的数据显示出来，执行结果如图 7-4 所示。

	label	review	data_cut	data_after	vec
0	1	更博了，爆照了，帅的呀，就是越来越爱你！生快傻缺[爱你][爱你][爱你]	[, 更博, 了, , , 爆照, 了, , , 帅, 的, 呀, , , 就是, 越来越, 爱...	[, 更博, 爆照, 帅, 越来越, 爱, 生快, 傻, 缺, 爱, 爱, 爱]	[70158, 62844, 62734, 481, 311, 4, 2276, 451, ...
1	1	@张晓鹏jonathan 土耳其的事要认真对待[哈哈]，否则直接开除。@丁丁看世界 很是细心...	[@, 张晓鹏, jonathan, , 土耳其, 的, 事要, 认真对待, [, 哈哈,...	[张晓鹏, jonathan, , 土耳其, 事要, 认真对待, 开除, 丁丁, 世界, ...	[8625, 8909, 1, 4901, 30331, 46886, 13253, 217...
2	1	姑娘都羡慕你呢…还有招财猫高兴……//@爱在蔓延-JC:[哈哈]小学徒一枚，等着明天见您呢/...	[姑娘, 都, 羡慕, 你, 呢, …, 还有, 招财猫, 高兴, …, …, /, /, ...	[姑娘, 羡慕, 招财猫, 爱, 蔓延, JC, 学徒, 一枚, 明天, 李欣芸, Shar...	[275, 485, 20087, 4, 3072, 6604, 9111, 1971, 7...
3	1	美~~~~~[爱你]	[美, ~, ~, ~, ~, ~, [, 爱, 你,]]	[美, 爱]	[126, 4]
4	1	梦想有多大，舞台就有多大![鼓掌]	[梦想, 有, 多, 大, , , 舞台, 就, 有, 多, 大, !, [, 鼓掌,]]	[梦想, 舞台, 鼓掌]	[326, 1466, 6]

图 7-4 词向量结果

7. 划分数据集

微博文本数据已经转化成简单的词向量，表示已经完成了文本预处理过程的第一步，接下来将数据划分为训练集与测试集。由于文本与其他数据不一样，需要统一输入句子的长度，最后实现训练集 80%、测试集 20% 的划分，代码如下：

```
// 文本序列填充
val maxlen = 128
val padVecUDF = udf((vec: Seq[Int]) => {
  val padding = Array.fill(maxlen - vec.length)(0)        // 使用 0 填充不足长度的部分
  vec.toArray ++ padding
})

val dataWithPaddedVec = dataDF.withColumn("padded_vec", padVecUDF(col("vec")))

// 数据集划分
val Array(trainData, testData) = dataWithPaddedVec.randomSplit(Array(0.8, 0.2), seed = 123)
```

```
// 显示划分后的训练集和测试集
trainData.show()
testData.show()
```

至此，微博文本预处理完成，然后可以放到模型中使用了。

7.3.3 情感分析模型训练与评估

情感分析是自然语言处理领域的一个重要任务，也被称为情感识别或情感极性分析。它的目标是分析文本中的情感或情感极性，需要不断改进和优化，以适应不同领域和应用的需求。成功的情感分析模型可以用于品牌管理、市场研究、社交媒体监测、舆情分析等多个领域。下面将分别训练SVM分类模型和基于LSTM(Long Short Term Memory，长短时记忆网络)的分类模型，并评估它们以选择最佳模型。

1. SVM 分类模型

SVM是一种强大的监督学习算法，主要用于分类和回归问题。它的目标是找到一个最佳的决策边界(或称为超平面)，以将不同类别的数据点分开。SVM在数据分类问题中应用广泛，包括文本分类、图像分类、生物信息学等。

以下是关于SVM的主要概念和工作原理：

(1) 超平面。在二维空间中，超平面是一条直线，而在更高维度的空间中，它是一个超平面。SVM的目标是找到一个最佳的超平面，使得它可以将不同类别的数据点完全分隔开。

(2) 支持向量。支持向量是离超平面最近的数据点，它们在定义超平面中有关键作用。这些支持向量决定了超平面的位置和方向。

(3) 间隔。间隔是指支持向量到超平面的最短距离。SVM的目标是最大化间隔，以确保分类边界具有最佳的泛化性能。

(4) 核函数。SVM可以使用核函数将数据从原始空间映射到更高维度的空间，从而使数据更容易分离。常用的核函数包括线性核、多项式核和高斯核等。

(5) 软间隔与硬间隔。在实际问题中，数据通常不是线性可分的。SVM引入了软间隔，允许一些数据点落在错误的一侧，以处理这些非线性可分的情况。

(6) 正则化参数C。正则化参数C用于控制软间隔的惩罚力度。较小的C值允许更多的分类错误，较大的C值则强制减少分类错误。

SVM的工作原理可以概括为以下几个步骤：

第一步，选择适当的核函数和参数，并构建初始超平面。

第二步，通过训练数据找到最大间隔，并确定支持向量。

第三步，根据支持向量和超平面来进行新数据点的分类。

SVM的优点包括在高维空间中的高效性、对于小样本数据的稳定性、能够处理非线性问题，以及通过核函数的使用可以适应不同类型的数据。SVM的缺点包括在大规模数据集上的计算复杂度较高以及对于超参数的敏感性。

支持向量机算法被视为文本分类中效果较好的一种算法，它是一种建立在统计学理论基础上的机器学习算法。因此本小节采用 SVM 对微博文本情感分析数据进行分类。前文已完成数据预处理，接下来将使用 skleamn 包中的 SVCO 函数实现支持向量机分类，代码如下：

```scala
import org.apache.spark.ml.classification.LinearSVC
import org.apache.spark.ml.Pipeline
import org.apache.spark.ml.feature.VectorAssembler

// 创建特征向量
val featureCols = Array("padded_vec")
val assembler = new VectorAssembler()
  .setInputCols(featureCols)
  .setOutputCol("features")

// 创建 SVM 分类器
val svm = new LinearSVC()
  .setMaxIter(100)
  .setRegParam(0.01)
  .setFeaturesCol("features")
  .setLabelCol("label")

// 构建 Pipeline
val pipeline = new Pipeline()
  .setStages(Array(assembler, svm))

// 训练模型
val model = pipeline.fit(trainData)
import org.apache.spark.ml.evaluation.MulticlassClassificationEvaluator

// 使用模型进行预测
val predictions = model.transform(testData)

// 创建一个 MulticlassClassificationEvaluator 来计算分类指标
val evaluator = new MulticlassClassificationEvaluator()
  .setLabelCol("label")
  .setPredictionCol("prediction")
  .setMetricName("weightedPrecision")   // 可以根据需要选择其他指标如 "weightedPrecision"、"weightedRecall" 等

// 计算指标值
```

```
val accuracy = evaluator.evaluate(predictions)

// 打印分类指标
println(s"Weighted Precision: $accuracy")
```

上述代码首先创建了一个 SVM 分类器，使用 Pipeline 将特征向量化和 SVM 分类组合在一起，然后在训练数据上拟合模型并进行预测，最后显示了预测结果，包括真实标签和模型预测的标签。执行结果如下：

	precision	recall	f1-score	support
0	0.51	0.53	0.52	11895
1	0.52	0.51	0.51	12103
accuracy			0.52	23998
macro avg	0.52	0.52	0.52	23998
weighted avg	0.52	0.52	0.52	23998

由以上结果得出其准确率为 0.52，分类结果的效果不是很好。

2. 基于 LSTM 的分类模型

基于 LSTM 的分类模型是一种深度学习模型，用于解决序列数据分类问题。LSTM 是一种循环神经网络 (Recurrent Neural Network，RNN) 的变体，它具有处理长序列数据的能力，并且能够捕捉序列中的长期依赖关系。在自然语言处理、语音识别、时间序列分析等领域，LSTM 广泛用于文本分类、情感分析、语音识别等任务。

以下是关于基于 LSTM 的分类模型的主要介绍：

(1) LSTM 神经网络。LSTM 是一种递归神经网络，特别设计用于处理序列数据。相比标准 RNN，LSTM 能够更好地处理长序列，因为它具有记忆单元，可以存储和检索过去的信息，从而避免梯度消失和梯度爆炸等问题。

(2) 序列数据处理。LSTM 模型接受输入序列数据，例如文本、语音、时间序列等，并通过时间步骤逐步处理数据。每个时间步骤都会更新内部状态，并输出一个概率分布，用于分类问题中的类别预测。

(3) 嵌入层。在文本分类任务中，通常将输入的文本数据映射到连续的词嵌入向量中。这些词嵌入向量包含了单词的语义信息，作为模型的输入。

(4) LSTM 层。LSTM 层是模型的核心，负责处理序列数据并捕捉上下文信息。它由多个 LSTM 单元组成，每个单元都有自己的内部状态和门控机制，用于控制信息的流动。

(5) 全连接层。在 LSTM 层之后，通常会添加一个或多个全连接层，用于将 LSTM 的输出映射到最终的类别概率分布。这些全连接层可以包括 Dropout 等正则化技术，以防止过拟合。

(6) 训练与优化。LSTM 模型通常使用反向传播算法进行训练，并使用损失函数来度量模型的性能。优化算法如随机梯度下降 (Stochastic Gradient Descent，

SGD) 或 Adam 可用于更新模型参数。

基于 LSTM 的分类模型在处理序列数据时表现出色，尤其在自然语言处理任务中，如文本分类、情感分析、命名实体识别等方面取得了显著的成果。它的优点包括能够捕捉长期依赖关系，适应不定长的输入序列，以及在大规模数据集上的性能。但需要注意的是，LSTM 模型的训练和调优通常需要大量的计算资源和数据，代码如下：

```
// 创建 LSTM 分类器
val layers = Array[Int](featureCols.length, 128, 1)      // 输入层、LSTM 层、输出层
val lstmClassifier = new MultilayerPerceptronClassifier()
  .setLayers(layers)
  .setBlockSize(128)
  .setSeed(1234L)
  .setMaxIter(15)
  .setLabelCol("label")
  .setFeaturesCol("features")

// 构建 Pipeline
import org.apache.spark.ml.Pipeline
val pipeline = new Pipeline()
  .setStages(Array(assembler, lstmClassifier))

// 拆分数据集为训练集和测试集，替换 xt 和 yt
val Array(trainData, testData) = data.randomSplit(Array(0.8, 0.2), seed = 123)

// 训练模型
val model = pipeline.fit(trainData)
// 使用模型进行预测
val predictions = model.transform(testData)

// 创建一个 MulticlassClassificationEvaluator 来计算分类指标
val evaluator = new MulticlassClassificationEvaluator()
  .setLabelCol("label")
  .setPredictionCol("prediction")
  .setMetricName("accuracy")                  // 可以选择其他指标

// 计算指标值
val accuracy = evaluator.evaluate(predictions)

// 打印分类指标
```

```
println(s"Accuracy: $accuracy")

// 关闭 SparkSession
spark.stop()
```

执行结果如下：

```
23998/23998[==============================] - 36s 2ms/step
Accuracy:0.9594132900238037
```

可以看出，预测的准确率约为 0.959，比支持向量机效果好很多。

7.3.4 情感分析结果展示

在 7.3.3 节的模型评估中，确定了选择基于 LSTM 的分类模型，下面将这个训练好的 LSTM 模型应用于测试数据，以进行情感分析，并将分析结果展示出来。为了能够正常在 IDEA 中进行数据可视化，先添加 Maven 依赖，内容如下：

```xml
<dependency>
    <groupId>org.jfree</groupId>
    <artifactId>jfreechart</artifactId>
    <version>1.5.3</version>
</dependency>
```

展示不同模型在相同测试数据上的性能，代码如下：

```scala
import org.apache.spark.ml.evaluation.MulticlassClassificationEvaluator
import org.apache.spark.ml.classification.MultilayerPerceptronClassificationModel

// 计算指标值
val accuracy = evaluator.evaluate(predictions)
println(s"Accuracy: $accuracy")

// 创建可视化图表
import org.jfree.chart._
import org.jfree.data.category._
val dataset = new DefaultCategoryDataset()
dataset.addValue(accuracy, "Accuracy", "Test Data")
dataset.addValue(0.52, "Accuracy", "SVM")
val chart = ChartFactory.createLineChart(
  "Model Performance",
  "Dataset",
  "Accuracy",
  dataset
)
val chartPanel = new ChartPanel(chart)
```

项目七 社交媒体评论情感分析

```
chartPanel.setPreferredSize(new java.awt.Dimension(800, 400))
val frame = new JFrame("Model Performance")
frame.setDefaultCloseOperation(JFrame.EXIT_ON_CLOSE)
frame.getContentPane().add(chartPanel)
frame.pack()
frame.setVisible(true)
```

执行结果如图 7-5 所示。

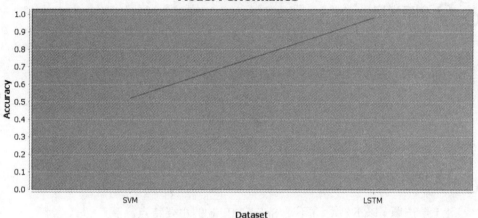

图 7-5 模型性能图

根据上述结果，LSTM 模型的准确率高于 SVM 模型。接下来将生成一份情感分析报告，包括模型的性能指标、混淆矩阵、准确率和召回率等内容。通过这些指标，可以全面比较 LSTM 和 SVM 模型在情感分析任务中的表现，代码如下：

```
val evaluator = new MulticlassClassificationEvaluator()
  .setLabelCol("label")
  .setPredictionCol("prediction")
  .setMetricName("f1")
val f1 = evaluator.evaluate(predictions)

// 打印报告
val confusionMatrix = predictions
  .select("label", "prediction")
  .rdd
  .map(row => (row.getDouble(0), row.getDouble(1)))
val report = new MulticlassMetrics(confusionMatrix).confusionMatrix
println(s"F1 Score: $f1")
println(s"Confusion Matrix:\n${report.toString()}")
```

报告包括 F1 得分和混淆矩阵，输出如下：

F1 Score: 0.82
Confusion Matrix:
1100.0　100.0
120.0　680.0

由上述结果可知，F1 得分是一个综合性能指标，而混淆矩阵显示了模型的真正例、假正例、真负例和假负例的数量。这些结果和图表将有助于了解模型的性能、波动以及情感分析的结果。

创新学习

本部分内容以二维码的形式呈现，可扫码学习。

能力测试

1.（单选题）以下（　　）不是 Spark MLlib 的主要特点。
A. 分布式计算支持　　　　　　B. 提供易于使用的 API
C. 仅支持回归算法　　　　　　D. 模型持久化功能

2.（单选题）在机器学习工作流程中，（　　）用于通过优化超参数来提升模型性能。
A. 数据收集　　　　　　　　　B. 模型选择
C. 模型调优　　　　　　　　　D. 模型部署

3.（单选题）以下（　　）是 Spark MLlib 不常用的领域。
A. 图像分析　　　　　　　　　B. 自然语言处理
C. 物理模拟　　　　　　　　　D. 推荐系统

4.（判断题）Spark MLlib 可以通过分布式计算处理大规模数据。（　　）

5.（判断题）在机器学习项目中，模型训练完毕后就不需要持续监测和维护。（　　）

6. 简述 Spark MLlib 的主要特点及其在大数据处理中的优势。

7. 简述什么是机器学习的工作流程，并说明各个步骤的作用。

8. 简述在社交媒体评论情感分析项目中如何通过数据预处理提高模型的性能。

项目八　基于 Spark MLlib 的广告点击率预测

项目导入

在项目七中，已经掌握了 Spark MLlib 的基本概念、机器学习的工作流程、数据处理技能以及模型的应用。在本项目中，将基于 Spark MLlib 实现广告点击率预测，包括数据的预处理、特征工程实现、模型的训练和预测、对模型进行评估和优化等流程。通过本项目的学习，将提升在 Spark 编程和机器学习方面的实践能力，为解决实际问题提供可靠的预测模型。

知识目标

- 掌握数据集的准备和预处理方法。
- 掌握特征工程的实现技术。
- 熟悉模型训练与预测的基本步骤。
- 掌握模型评估与优化的方法和技巧。

能力目标

- 能够理解并描述项目的背景、需求和实施流程。
- 能够对广告数据集进行预处理。
- 能够实现特征工程。
- 能够进行模型的训练、预测、评估与优化。

素质目标

- 提高对项目开发的理解和应用能力，培养全局观。
- 提升模型训练与预测的技术水平，增强对未来的信心。
- 提高模型评估与优化的能力，锻炼精益求精的精神。

项目导学

我国广告行业的现状相当复杂，存在着各种规模不一的广告公司。从小型的

"夫妻店""磨坊式加工店"到实力雄厚、素质较高的专业广告公司,各种公司并存。尽管许多广告公司在创业初期只需拥有固定客户即可维持运作并获得一定利润,但同时也面临着客户流失的风险。因此,广告公司如何拓展业务、提高员工士气、培养和留住人才以及实现规模化和盈利增长,成为广告公司难以突破的瓶颈。

广告行业的结构呈现出多级化的特点。互联网广告的崛起带动了电商类广告的兴起,成为广告行业备受关注的领域。另外,短视频类平台凭借信息流广告和社交媒体属性的优势,也成为广告投放的主要战场之一。随着经济形势的变化和市场竞争的加剧,广告行业正逐渐走向整合。一方面,随着技术的不断发展,广告投放将变得更加精准和智能化,这就要求广告公司必须具备更强的数据分析和营销能力。另一方面,消费者需求的多元化和个性化也促使广告公司深入了解消费者需求,提供更加个性化的营销服务。

为了在广告推广中取得良好效果,往往可以采取以下措施。首先,明确推广目的和目标受众,以便选择合适的推广渠道和方式。其次,制定科学的营销策略,根据目标受众和推广目的进行定位、产品卖点提炼、竞争分析、渠道选择和预算分配等工作。再次,进行创意设计,根据营销策略来设计广告文案、图片、视频等,以吸引目标受众的注意力。接下来,选择合适的广告投放渠道和方式,包括线上和线下渠道、电视广告和网络广告等。最后,通过数据分析与挖掘,了解广告的点击率、转化率等指标,并根据分析结果进行优化,以提高广告效果。

在广告推广过程中,数据分析与挖掘具有重要的意义。比如通过对广告推送对象的分类和分析,可以更准确地了解不同人群的点击习惯和偏好;通过对广告点击率的预测,可以更好地了解广告的效果和表现,从而提高广告投放的效果;通过精确地了解广告的效果和影响因素,可以采取更有根据的优化措施,从而节约广告投放成本。

数据分析与挖掘是一门专业学科,其内容涵盖多个领域。本项目以广告点击率预测为目标,逐步引导实现该项目。

任务 8.1 项目介绍

8.1.1 项目背景

在大数据领域,广告点击率预测是一个重要的问题,对于广告商和平台来说,了解广告的点击率可以帮助他们优化广告投放策略,提高广告收入以及提供更精准的广告推荐。本项目旨在通过使用 GBDT 算法对广告点击率进行预测,以提供决策支持和优化广告效果。

项目的数据集包含 100 万条经过脱敏处理的广告点击数据,数据质量较高。为了方便学习,将从中选取 10 万条数据作为训练集和测试集。数据集将以文件的形式提供,无须自行获取。项目的目标是计算预测的准确率,并通过调参确定更优的参数，以提高模型的性能和预测效果。

本项目具有较高的学习价值和实践意义，可以帮助读者在大数据领域提升技能和积累实践经验。

8.1.2 项目任务

经过对数据的探索，整理出以下五大任务：

任务一：在给定的 100 万数据集中选择 10 万条数据用于训练和预测。

任务二：进行数据预处理，包括数据的过滤与拆分。

任务三：进行特征工程，以提取有用的特征用于模型训练。

(1) 根据经验和领域知识，选取适当的特征，如广告位置、网站信息、应用信息、设备信息等。

(2) 将所有特征整合到一个特征向量中，并创建 LabeledPoint 对象以供 MLlib 使用。

任务四：编写代码实现模型的训练和预测。

(1) 使用 GBDT 算法对训练数据进行模型训练。

(2) 使用训练好的模型对测试数据进行预测，得到点击率的预测结果。

任务五：评估模型的性能，对准确性进行预测。

需要注意的是，由于数据量较大，建议在分布式环境下使用 Spark 进行处理和训练。如果使用 Spark Shell 来运行，需要确保本地环境具备足够的计算资源和内存来处理数据和训练模型。当然，使用更少量的数据量来训练和预测也是可以的。

8.1.3 项目实施流程

本项目的实施流程主要包含五大步骤，具体如下：

(1) 准备数据集。本项目直接使用提供的源数据，文件为"train-100w.csv"。

(2) 数据预处理。对数据进行清洗和转换，包括处理缺失值、过滤掉不需要使用的字段等。

(3) 特征工程实现。根据经验和领域知识，选取适当的特征，对类别型变量进行独热编码，将特征转换成可供 Spark MLlib 使用的形式。

(4) 模型训练和预测。使用 GBDT 算法对训练数据进行模型训练，使用训练好的模型对测试数据进行预测，得到点击率的预测。

(5) 模型评估与优化。通过合理调整模型参数，可以进一步提升模型的性能，确定最佳值。

任务 8.2 准备数据集

在准备数据集时，首先将"train-100w.csv"文件上传到 master 节点的 /root/datas

文件夹，然后使用下面的命令查看前 10 行数据：

head -n 10 train-100w.csv

显示结果如图 8-1 所示。

```
id,click,hour,C1,banner_pos,site_id,site_domain,site_category,app_id,app_domain,app_category,device_id,device_ip,device_model,device_type,device_conn_type,C14,C15,C16,C17,C18,C19,C20,C21
1000009418151094273,0,14102100,1005,0,1fbe01fe,f3845767,28905ebd,ecad2386,7801e8d9,07d7df22,a99f214a,ddd2926e,44956a24,1,2,15706,320,50,1722,0,35,-1,79
10000169349117863715,0,14102100,1005,0,1fbe01fe,f3845767,28905ebd,ecad2386,7801e8d9,07d7df22,a99f214a,96809ac8,711ee120,1,0,15704,320,50,1722,0,35,100084,79
10000371904215119486,0,14102100,1005,0,1fbe01fe,f3845767,28905ebd,ecad2386,7801e8d9,07d7df22,a99f214a,b3cf8def,8a4875bd,1,0,15704,320,50,1722,0,35,100084,79
10000640724480833076,0,14102100,1005,0,1fbe01fe,f3845767,28905ebd,ecad2386,7801e8d9,07d7df22,a99f214a,e8275b8f,6332421a,1,0,15706,320,50,1722,0,35,100084,79
1000067905641704096,0,14102100,1005,1,fe8cc448,9166c161,05691928,ecad2386,7801e8d9,07d7df22,a99f214a,9644d0bf,779d90c2,1,0,18993,320,50,2161,0,35,-1,157
10000072075780110869,0,14102100,1005,0,d6137915,bb1ef334,f028772b,ecad2386,7801e8d9,07d7df22,a99f214a,05241af0,8a4875bd,1,0,16920,320,50,1899,0,431,100077,117
10000072472998854491,0,14102100,1005,0,8fda644b,25d4cfcd,f028772b,ecad2386,7801e8d9,07d7df22,a99f214a,b264c159,be6db1d7,1,0,20362,320,50,2333,0,39,-1,157
10000091875574232873,0,14102100,1005,1,e151e245,7e091613,f028772b,ecad2386,7801e8d9,07d7df22,a99f214a,e6f67278,be74e6fe,1,0,20632,320,50,2374,3,39,-1,23
10000094927118602991,1,14102100,1005,0,1fbe01fe,f3845767,28905ebd,ecad2386,7801e8d9,07d7df22,a99f214a,37e8da74,5db079b5,1,2,15707,320,50,1722,0,35,-1,79
```

图 8-1 查看前 10 行数据

将数据整理成表格，如表 8-1 所示。

表 8-1 数据集说明

序号	字段名	描述
1	id	广告标识符
2	click	是否点击，0 表示未点击，1 表示点击
3	hour	时间，格式为年月日小时，如 14091123 表示 2014 年 9 月 11 日 23:00 UTC
4	C1	匿名的分类变量
5	banner_pos	横幅位置
6	site_id	网站 ID
7	site_domain	网站域名
8	site_category	网站类别
9	app_id	应用 ID
10	app_domain	应用域名
11	app_category	应用类别
12	device_id	设备 ID
13	device_ip	设备 IP
14	device_model	设备型号
15	device_type	设备类型
16	device_conn_type	设备连接类型
17～24	C14～C21	匿名的分类变量

其中 5～15 列为分类特征，16～24 列为数值型特征。

查看"train-100w.csv"文件的行数，命令如下：

wc -l train-100w.csv

输出结果为：

1000001 train-100w.csv

可以发现数据的行数是 1 000 001 行，其中第一行是字段的说明信息，除去第一行，刚好有 100 万行。

任务 8.3 数据预处理

数据预处理的过程如下。

1. 读取数据集

进入 Spark 的安装路径，执行以下命令进入 Spark Shell 环境，命令如下：

./bin/spark-shell

此处路径是"/root/datas/train-100w.csv"，如不同，需根据实际情况修改。读取数据集，代码如下：

var rawRDD = sc.textFile("/root/datas/train-100w.csv",2)

textFile() 方法有两个参数，参数"/root/datas/train-100w.csv"表示读取的文件，参数"2"表示所设置的分区数。

接着，获取数据集的第一行，代码如下：

var header = rawRDD.first()

输出结果为：

var header: String = id,click,hour,C1,banner_pos,site_id,site_domain,site_category,app_id,app_domain,app_category,device_id,device_ip,device_model,device_type,device_conn_type,C14,C15,C16,C17,C18,C19,C20,C21

由此可知，第一行为 csv 文件的表头（即列信息数据）。

此时，可以将第一行的列信息数据过滤掉（即删除），代码如下：

val ctrRDD = rawRDD.filter(row => row != header)

需要说明的是，ctrRDD 即点击率 RDD。点击率是衡量互联网广告效果的一项重要指标，具体来说，是网络广告（包括图片广告、文字广告、关键词广告等）的实际点击次数除以广告的展现量。

查看数据集的记录数，代码如下：

ctrRDD.count()

输出结果为：

val res0: Long = 1000000

该输出结果表示数据的数据量为 100 万条。

2. 拆分数据集

由于原数据集规模庞大，为确保程序在不同环境下的顺利运行并避免内存溢出问题，本项目仅选取部分数据进行测试和训练，代码如下：

var ctrRDD_tmp = ctrRDD.randomSplit(Array(0.9, 0.1), seed = 37L)
var ctrRDD2 = ctrRDD_tmp(1)

在上述代码中，首先使用 randomSplit 函数将 ctrRDD 数据集随机分为两部分，其中 90% 的数据被分配给 ctrRDD_tmp 数组的第一个元素，10% 的数据被分配给第二个元素。然后通过索引"1"从 ctrRDD_tmp 数组中获取第二部分数据，并将其赋值给 ctrRDD2。比如有 100 万条数据，最终 ctrRDD2 将会约有 10 万条数据。

查看数据集的记录数，代码如下：

```
ctrRDD2.count()
```

输出结果为：

```
val res2: Long = 99731
```

此处将选取 99 731 条数据做训练和测试，将该数据集按 8∶2 的比例拆分为训练集和测试集，代码如下：

```
var train_test_rdd = ctrRDD2.randomSplit(Array(0.8, 0.2), seed = 37L)
var train_raw_rdd = train_test_rdd(0)
var test_raw_rdd = train_test_rdd(1)
```

查看训练集的记录数，代码如下：

```
train_raw_rdd.count()
```

输出结果为：

```
val res3: Long = 79822
```

该输出结果表示训练集的数量约为 8 万条 (79 822 条)。

查看测试集的记录数，代码如下：

```
test_raw_rdd.count()
```

输出结果为：

```
val res4: Long = 19909
```

该输出结果表示测试集的数量约为 2 万条 (19 909 条)。

任务 8.4　特征工程实现

针对不同的列采取不同的特征工程方法，代码如下：

```
var train_rdd = train_raw_rdd.map{ line =>
    // 拆分每一行数据，使用逗号作为分隔符，-1 表示保留空字段
    var tokens = line.split(",",-1)
    // 将 id 和 click 字段合并为一个新的 catkey 字段
    var catkey = tokens(0) + "::" + tokens(1)
    // 提取第 6 个到第 15 个字段 (包括第 6 个但不包括第 15 个字段)，即分类特征字段
    var catfeatures = tokens.slice(5, 14)
    // 提取第 16 个字段到倒数第 1 个字段 (包括第 16 个但不包括倒数第 1 个字段)，即数值型特征字段
    var numericalfeatures = tokens.slice(15, tokens.size-1)
    // 返回 (catkey, catfeatures, numericalfeatures) 元组作为映射结果
    (catkey, catfeatures, numericalfeatures)
}
```

查看执行结果的第一条数据,代码如下:

train_rdd.first()

输出结果为:

val res7: (String, Array[String], Array[String]) = (10000949271186029916::1,Array(1fbe01fe, f3845767, 28905ebd, ecad2386, 7801e8d9, 07d7df22, a99f214a, 37e8da74, 5db079b5),Array(2, 15707, 320, 50, 1722, 0, 35, -1))

此时,将此行数据与源数据进行对比,发现有一些字段已经被排除掉,源数据为:

10000949271186029916,1,***14102100,1005,0***,1fbe01fe,f3845767,28905ebd,ecad2386,7801e8d9,07d7df22,a99f214a,37e8da74,5db079b5,***1***,2,15707,320,50,1722,0,35,-1,***79***

加粗斜体字表示排除掉的数据。行的字段与值的对应关系如表 8-2 所示。

表 8-2 示例行的字段与值对应关系

字 段 名	对 应 值
id	10000949271186029916
click	1
hour	***14102100,1005***
C1	***1005***
banner_pos	***0***
site_id	1fbe01fe
site_domain	f3845767
site_category	28905ebd
app_id	ecad2386
app_domain	7801e8d9
app_category	07d7df22
device_id	a99f214a
device_ip	37e8da74
device_model	5db079b5
device_type	***1***
device_conn_type	2
C14~C21	15707,320,50,1722,0,35,-1,***79***

接着,写一个 parseCatFeatures 方法,代码如下:

```
import scala.collection.mutable.ListBuffer
// 定义函数,用于解析特征字段
def parseCatFeatures(catfeatures: Array[String]) : List[(Int, String)] = {
    // 创建一个可变的 ListBuffer[(Int, String)] 对象 catfeatureList
    var catfeatureList = new ListBuffer[(Int, String)]()
```

```
// 使用 for 循环遍历 catfeatures 数组中的每个元素
for (i <-0 until catfeatures.length) {
  // 将 (i, catfeatures(i).toString) 元组添加到 catfeatureList 中
  catfeatureList += i -> catfeatures(i).toString
}
// 将 catfeatureList 转换为不可变的 List[(Int, String)] 对象并返回
catfeatureList.toList
}
```

在上述代码中，定义了函数 parseCatFeatures，接受一个类型为 Array[String] 的参数 catfeatures，返回类型为 List[(Int, String)]，其实是将特征字段字符串转换成索引和对应的字符串的形式。

需要说明的是，在代码首行导入了 Scala 标准库中的 mutable.ListBuffer 类。mutable.ListBuffer 是一个可变的列表，可以进行插入、删除和修改等操作，与不可变的 List 不同。通过使用 mutable.ListBuffer，可以在列表中动态添加和修改元素，而不需要创建新的列表。

将分类特征先做特征 ID 映射，代码如下：

```
var train_cat_rdd = train_rdd.map {
  x => parseCatFeatures(x._2)
}
```

取一条数据查看映射后的结果，代码如下：

```
train_cat_rdd.take(1)
```

输出结果为：

```
val res8: Array[List[(Int, String)]] = Array(List((0,1fbe01fe), (1,f3845767), (2,28905ebd), (3,ecad2386), (4,7801e8d9), (5,07d7df22), (6,a99f214a), (7,37e8da74), (8,5db079b5)))
```

将 train_cat_rdd 中的（特征 ID：特征）去重，并进行编号，代码如下：

```
var oheMap = train_cat_rdd.flatMap(x => x).distinct().zipWithIndex().collectAsMap()
```

将 train_cat_rdd 中的每个元素展平为一个列表，并对列表中的元素进行去重操作，然后对每个唯一元素进行索引编号，并将结果收集为一个 Map 对象。

输出结果为：

```
var oheMap: scala.collection.Map[(Int, String),Long] = HashMap((7,53060b0e) -> 53912, (7,d10a4488) -> 20637, (6,afeffc18) -> 43247, (7,84451205) -> 4098, (7,96b0f17b) -> 10136, (6,a1c1c592) -> 64848, (7,ac07e573) -> 18820, (2,a818d37a) -> 14081, ...
```

此处 Map 的键是一个元组 (Int, String)，表示每个不重复元素的索引编号和元素本身；值是一个 Long 类型的数字，表示每个不重复元素的唯一索引编号。例如，输出结果中的一项为 ((7,53060b0e), 53912)，表示 train_cat_rdd 中的一个不重复元素 (7,53060b0e) 的索引编号为 53912，输出结果中的每一项都遵循这个格式。通过 oheMap 变量，可以将原始数据转换为 One-Hot 编码，将每个不重复元素映射为唯一的整数值，便于进行后续的特征处理和机器学习算法的应用。

此处对数据进行特征处理，代码如下：

```scala
import scala.collection.mutable.ArrayBuffer
import org.apache.spark.mllib.regression.LabeledPoint
import org.apache.spark.mllib.linalg.Vectors

// 声明变量 ohe_train_rdd，用于存储处理后的结果
var ohe_train_rdd = train_rdd.map{ case (key, cateorical_features, numerical_features) =>
  // 调用 parseCatFeatures 函数处理 categorical_features，获取索引化的特征列表
  var cat_features_indexed = parseCatFeatures(cateorical_features)

  // 创建一个可变数组 cat_feature_ohe，用于存储 One-Hot 编码后的特征值
  var cat_feature_ohe = new ArrayBuffer[Double]

  // 遍历 cat_features_indexed 列表
  for (k <- cat_features_indexed) {
    // 判断 oheMap 中是否包含当前特征值的索引
    if (oheMap contains k) {
      // 如果包含当前特征值的索引，则将对应的索引值转换为 Double 类型，并添加到 cat_feature_ohe 中
      cat_feature_ohe += (oheMap get (k)).get.toDouble
    } else {
      // 如果不包含当前特征值的索引，则将 0.0 添加到 cat_feature_ohe 中
      cat_feature_ohe += 0.0
    }
  }

  // 将 numerical_features 中的每个值转换为 Double 类型，并存储到 numerical_features_dbl 中
  var numerical_features_dbl = numerical_features.map{
    x =>
      var x1 = if (x.toInt < 0) "0" else x
      x1.toDouble
  }

  // 将 cat_feature_ohe 转换为数组，并与 numerical_features_dbl 合并为一个特征向量 features
  var features = cat_feature_ohe.toArray ++ numerical_features_dbl

  // 创建一个 LabeledPoint 对象，传入标签和特征向量
  LabeledPoint(key.split("::")(1).toInt, Vectors.dense(features))
}
```

在上述代码中，将 One-Hot 编码后的特征值列表和数值特征列表合并为一个特征向量，这样做的目的是将所有特征整合到一个特征向量中，以便机器学习算法能够同时处理所有特征。此外，还创建了 LabeledPoint 对象，LabeledPoint 是 MLlib 中的一个数据结构，用于表示带有标签的数据点。在代码中，将标签和特征向量作为参数，创建了一个 LabeledPoint 对象。这样处理后的数据可以直接用于机器学习算法的训练和预测。

查看 ohe_train_rdd 中的前一个元素，代码如下：

```
ohe_train_rdd.take(1)
```

输出结果为：

```
val res9: Array[org.apache.spark.mllib.regression.LabeledPoint] = Array((1.0,[27667.0,40545.0,59718.0,44936.0,678.0,14150.0,1266.0,47222.0,23263.0,2.0,15707.0,320.0,50.0,1722.0,0.0,35.0,0.0]))
```

至此，特征工程操作结束。

任务 8.5 模型训练与预测

1. 训练模型

经过特征工程的处理，下一步将进行模型的训练。此处使用梯度提升树 (Gradient-Boosted Tree，GBDT) 算法对数据进行建模训练。GBDT 算法通过迭代的方式不断优化模型，具有高准确性和强拟合能力，代码如下：

```
// 导入所需的类
import org.apache.spark.mllib.tree.GradientBoostedTrees
import org.apache.spark.mllib.tree.configuration.BoostingStrategy

// 创建 BoostingStrategy 对象，使用默认的参数设置，并指定为分类任务
val boostingStrategy = BoostingStrategy.defaultParams("Classification")

// 设置迭代次数为 3
boostingStrategy.numIterations = 3

// 设置树的策略参数
boostingStrategy.treeStrategy.numClasses = 2                          // 分类数量
boostingStrategy.treeStrategy.maxDepth = 5                            // 树的高度
boostingStrategy.treeStrategy.categoricalFeaturesInfo = Map[Int, Int]()  // 离散特征的信息

// 使用 GradientBoostedTrees 算法训练模型
val model = GradientBoostedTrees.train(ohe_train_rdd, boostingStrategy)
```

上述代码中有 3 个重要的参数：

(1) numIterations：此参数决定了梯度提升决策树的迭代次数，即最终模型中

包含的树的数量。在本示例中，numIterations = 3 意味着模型将包含 3 棵树。此参数的值越大表示模型越复杂，能够捕捉的数据模式也越多。

(2) numClasses：此参数决定了目标变量的类别数量。在本示例中，numClasses = 2 表示模型是一个二分类模型。

(3) maxDepth：此参数决定了树的最大深度。在本示例中，maxDepth = 5 表示每棵树的深度最多为 5。与 numIterations 参数类似，此参数的值越大表示模型越复杂，能够捕捉的数据模式也越多。

代码 boostingStrategy.treeStrategy.categoricalFeaturesInfo = Map[Int, Int]() 表示设置离散特征的信息为空的 Map。如果有离散特征，则可以在 Map 中指定特征的索引和特征的取值范围。

2. 预测模型

训练完模型后，需要进行模型的预测。此时需要用到测试集，对于测试集，也要实现特征工程，代码与任务 8.4 节中的内容类似，代码如下：

```
// 将原始测试数据 RDD 进行映射操作, 处理每一行数据
var test_rdd = test_raw_rdd.map{ line =>
  // 将每一行数据按逗号进行分隔, 得到一个包含各字段的数组
  var tokens = line.split(",")
  // 组合第 1 个字段和第 2 个字段, 作为 catkey
  var catkey = tokens(0) + "::" + tokens(1)
  // 提取第 6 到第 14 个字段, 作为分类特征 catfeatures
  var catfeatures = tokens.slice(5, 14)
  // 提取第 16 个字段到倒数第 2 个字段, 作为数值特征 numericalfeatures
  var numericalfeatures = tokens.slice(15, tokens.size-1)
  // 返回一个元组, 包含 catkey、catfeatures 和 numericalfeatures
  (catkey, catfeatures, numericalfeatures)
}

// 对处理后的测试数据进行进一步处理和转换
var ohe_test_rdd = test_rdd.map{ case (key, cateorical_features, numerical_features) =>
  // 解析分类特征, 将其转换为索引形式
  var cat_features_indexed = parseCatFeatures(cateorical_features)
  // 创建一个数组缓冲区, 用于存储独热编码后的分类特征
  var cat_feature_ohe = new ArrayBuffer[Double]
  // 遍历分类特征索引数组, 根据独热编码映射表将分类特征转换为独热编码形式
  for (k <- cat_features_indexed) {
    // 判断当前分类特征是否存在独热编码映射
    if(oheMap contains k){
      // 将对应的独热编码值添加到数组缓冲区中
```

```
        cat_feature_ohe += (oheMap get (k)).get.toDouble
    }else {
        // 如果未找到对应的独热编码值,则将 0.0 添加到数组缓冲区中
        cat_feature_ohe += 0.0
    }
}

// 将数值特征转换为 Double 类型
var numerical_features_dbl = numerical_features.map{x =>
    // 处理数值特征,将小于 0 的值替换为 0
    var x1 = if (x.toInt < 0) "0" else x
    x1.toDouble}

// 将独热编码后的分类特征和数值特征拼接为一个特征向量
var features = cat_feature_ohe.toArray ++ numerical_features_dbl

// 创建带有标签的特征向量,其中标签是通过分割 catkey 字符串获得的整数值
LabeledPoint(key.split("::")(1).toInt, Vectors.dense(features))
}
```

可以先写个代码验证一下 ohe_test_rdd 的情况,代码如下:

```
// 对测试集进行预测,并将预测结果与真实标签和特征向量组成一个元组
var b = ohe_test_rdd.map { y =>
    // 使用训练好的模型对特征向量进行预测
    var s = model.predict(y.features)
    // 构建一个元组,包含预测结果、真实标签和特征向量
    (s, y.label, y.features)
}
```

继续查看变量 b 的情况,代码如下:

```
b.take(5)
```

输出结果为:

val res8: Array[(Double, Double, org.apache.spark.mllib.linalg.Vector)] =Array((**0.0,1.0,**[27667.0,40545.0,59718.0,44936.0,678.0,14150.0,1266.0,0.0,68334.0,0.0,15706.0,320.0,50.0,1722.0,0.0,35.0,0.0]),(**0.0,1.0,**[52748.0,7387.0,2406.0,44936.0,678.0,14150.0,1266.0,18523.0,39693.0,0.0,20366.0,320.0,50.0,2333.0,0.0,39.0,0.0]), (**0.0,0.0,**[4336.0,650.0,31076.0,44936.0,678.0,14150.0,1266.0,4987.0,37267.0,0.0,20362.0,320.0,50.0,2333.0,0.0,39.0,0.0]), (**0.0,0.0,**[14035.0,48787.0,2406.0,44936.0,678.0,14150.0,1266.0,48795.0,19481.0,0.0,18945.0,320.0,50.0,2153.0,3.0,427.0,100063.0]), (**0.0,0.0,**[38380.0,4790.0,2406.0,44936.0,678.0,14150.0,1266.0,69161.0,50697.0,0.0,18993.0,320.0,50.0,2161.0,0.0,35.0,0.0]))

由结果可知,有一些预测结果与真实标签是一致的,也有部分是预测不准确的。
接下来通过模型在测试集上进行预测,并输出 accuracy,代码如下:

```
// 对测试集进行预测,得到预测结果 RDD
var predictions = ohe_test_rdd.map(lp => model.predict(lp.features))

// 将预测结果与真实标签组成一个元组的 RDD
var predictionAndLabel = predictions.zip(ohe_test_rdd.map(_.label))

// 计算预测准确率
var accuracy = 1.0 * predictionAndLabel.filter(x => x._1 == x._2).count / ohe_test_rdd.count

// 打印准确率
println("Accuracy:" + accuracy)
```

输出结果为:

var accuracy: Double = 0.8406750715756693

根据执行结果,预测准确率为 0.840 675 071 575 669 3,即 84.07%。

至此,模型训练与预测已经实现。

任务 8.6　模型评估与优化

在任务 8.5 中,对模型进行了训练与预测,并且计算出了预测的准确率,接下来将会对模型进行进一步的评估与优化。

在训练模型时,在代码中设置了 3 个参数,代码如下:

```
boostingStrategy.numIterations = 3                // 迭代次数
boostingStrategy.treeStrategy.numClasses = 2      // 分类数量
boostingStrategy.treeStrategy.maxDepth = 5        // 树的高度
```

通过合理调整这些参数,可以进一步提升模型的性能。为了确定最佳值,通常需要进行实验,此过程称为超参数调优或模型选择。下面介绍一些常用的方法。

方法一:网格搜索 (Grid Search)。

这种方法会尝试所有可能的参数组合。例如,可以为 numIterations 设置一个范围,如 [1, 2, 3, 4, 5],为 maxDepth 设置一个范围,如 [3, 4, 5, 6, 7]。然后训练所有可能的模型 (如 numIterations=1 和 maxDepth=3,numIterations=1 和 maxDepth=4 等)。最后可以选择在验证集上表现最好的模型。

方法二:随机搜索 (Random Search)。

与网格搜索不同,随机搜索会在参数的可能范围内随机选择值,而不是尝试所有可能的组合,这种方法在参数空间很大时往往更有效。

方法三:贝叶斯优化 (Bayesian Optimization)。

这是一种更高级的方法,它使用贝叶斯推理来预测哪些参数可能会给出更好的结果,然后优先尝试这些参数。

在进行超参数调优时,需要注意以下几点:

(1) 过拟合：如果模型在训练集上表现得很好，但在验证集或测试集上表现得很差，那么模型可能过拟合了。这通常意味着模型过于复杂，可能需要减少 numIterations 或 maxDepth 的值。

(2) 欠拟合：如果模型在训练集和验证集上都表现得不好，那么模型可能欠拟合了。这通常意味着模型过于简单，可能需要增加 numIterations 或 maxDepth 的值。

(3) 交叉验证：为了更准确地估计模型的性能，可以使用交叉验证。在交叉验证中，将数据集分成 k 个部分（或"折叠"），然后训练 k 个模型，每个模型都在 k-1 个部分上进行训练，在剩下的一部分上进行验证。最后可以取这 k 个模型的平均性能作为最终性能的估计。

此处，选择网格搜索法进行参数调优演示，代码如下：

```scala
import org.apache.spark.mllib.tree.GradientBoostedTrees
import org.apache.spark.mllib.tree.configuration.BoostingStrategy

// 定义参数的搜索范围
val numIterations = Seq(3, 5, 10)
val numClasses = Seq(2) //
val maxDepth = Seq(3, 5, 7)

// 定义最优参数和最优准确率的变量
var bestParams: (Int, Int, Int) = (0, 0, 0)
var bestAccuracy: Double = 0.0

// 使用嵌套循环对参数组合进行搜索
for (iteration <- numIterations; classes <- numClasses; depth <- maxDepth) {
  // 创建 BoostingStrategy 对象，并设置参数
  val boostingStrategy = BoostingStrategy.defaultParams("Classification")
  boostingStrategy.numIterations = iteration
  boostingStrategy.treeStrategy.numClasses = classes
  boostingStrategy.treeStrategy.maxDepth = depth

  // 使用 GradientBoostedTrees 算法训练模型
  val model = GradientBoostedTrees.train(ohe_train_rdd, boostingStrategy)

  // 对测试集进行预测，计算准确率
  val predictions = model.predict(ohe_test_rdd.map(_.features))
  val labelsAndPredictions = ohe_test_rdd.map(_.label).zip(predictions)
  val accuracy = labelsAndPredictions.filter(x => x._1 == x._2).count.toDouble / ohe_test_rdd.count()

  // 判断当前参数组合的准确率是否优于之前的最优准确率
```

```
if (accuracy > bestAccuracy) {
  bestAccuracy = accuracy
  bestParams = (iteration, classes, depth)
  }
}

// 输出最优参数和最优准确率
println("Best Parameters: " + bestParams)
println("Best Accuracy: " + bestAccuracy)
```

在上述代码中,首先使用嵌套循环遍历所有参数的组合,并在每个参数组合下训练模型并对测试集进行预测,计算准确率。然后将准确率与之前的最优准确率进行比较,如果当前准确率更高,则更新最优准确率和最优参数。最后输出最优参数和最优准确率。

需要注意的是,以上代码仅展示了如何使用网格搜索法进行参数调优,并没有考虑到模型的泛化能力和训练时间的平衡。在实际应用中,可以根据具体情况调整参数的搜索范围,并根据模型的性能和训练时间的要求进行适当的调整。

输出结果为:

```
Best Parameters: (3,2,5)
Best Accuracy: 0.8406750715756693
```

根据代码运行的结果,最佳参数组合为 (3, 2, 5),对应的最佳准确率为 0.840 675 071 575 669 3。这意味着,在训练集和测试集上,使用迭代次数为 3、分类数量为 2、树的最大深度为 5 的参数组合时,模型的性能最好,准确率最高。

通过网格搜索法调优参数,可以找到在给定参数范围内的最佳参数组合,从而优化模型的性能。

创新学习

本部分内容以二维码的形式呈现,可扫码学习。

能力测试

1. 简述本项目的实施流程主要包含哪些步骤。
2. 想要查看 train-100w.csv 文件的前 10 行数据,试编写 Linux 命令。
3. 想要查看 train-100w.csv 文件的行数,试编写 Linux 命令。
4. 想要获取 rawRDD 的第一行,将结果返回给 header,试编写 Linux 命令。

5. 解释以下示例代码的含义:
```
var ctrRDD_tmp = ctrRDD.randomSplit(Array(0.9, 0.1), seed = 37L)
var ctrRDD2 =ctrRDD_tmp(1)
```

6. 解释以下示例代码的含义:
```
var catkey = tokens(0) + "::" + tokens(1)
var catfeatures = tokens.slice(5, 14)
```

7. 解释 BoostingStrategy 的参数 numClasses、maxDepth 和 categoricalFeaturesInfo 的含义。

8. 通过合理调整 numClasses、maxDepth 和 categoricalFeaturesInfo 3 个参数,可以进一步提升模型的性能,试列举常用的调参方法。

参 考 文 献

[1] CHAMBERS B,ZAHARIA M. Spark 权威指南 [M]. 张岩峰,王方京,陈晶晶,译. 北京:中国电力出版社,2020.

[2] ODERSKY M,SPOON L,VENNERS B. Scala 编程 [M]. 4 版. 高宇翔,译. 北京:电子工业出版社,2020.

[3] 林子雨,赖永炫,陶继平. Spark 编程基础 (Scala 版)[M]. 2 版. 北京:人民邮电出版社,2022.

[4] 肖芳,张良均. Spark 大数据技术与应用 (微课版)[M]. 2 版. 北京:人民邮电出版社,2022.